我国食品安全问题特殊性及其原因和对策

——基于社会食品安全学视角

董华强 ◎ 著

中国财经出版传媒集团
经济科学出版社
Economic Science Press

图书在版编目（CIP）数据

我国食品安全问题特殊性及其原因和对策：基于社会食品安全学视角/董华强著．—北京：经济科学出版社，2018.9

ISBN 978 -7 -5141 -9648 -1

Ⅰ.①我… Ⅱ.①董… Ⅲ.①食品安全-研究-中国 Ⅳ.①TS201.6

中国版本图书馆 CIP 数据核字（2018）第 191675 号

责任编辑：周国强
责任校对：杨 海
责任印制：邱 天

我国食品安全问题特殊性及其原因和对策
——基于社会食品安全学视角
董华强 著
经济科学出版社出版、发行 新华书店经销
社址：北京市海淀区阜成路甲 28 号 邮编：100142
总编部电话：010 -88191217 发行部电话：010 -88191522
网址：www. esp. com. cn
电子邮件：esp@ esp. com. cn
天猫网店：经济科学出版社旗舰店
网址：http：//jjkxcbs. tmall. com
固安华明印业有限公司印装
710×1000 16 开 14.75 印张 250000 字
2018 年 9 月第 1 版 2018 年 9 月第 1 次印刷
ISBN 978 -7 -5141 -9648 -1 定价：68.00 元
（图书出现印装问题，本社负责调换。电话：010 -88191510）

序　言

董华强教授在写这部专著过程中就与我进行过关于该书内容的交流，收到完整书稿后又进行了认真地阅读。

我国社会食品安全问题不仅是一个科学技术问题，更是一个涉及法律、经济、社会等多个学科领域的复合问题。该书的一个重要特点就是围绕我国社会存在的热点问题，展开跨学科领域的研究分析。我认为，该书至少在下述几个方面具有重要价值和意义。

对食品安全基本概念的清楚理解和认识，是正确认识我国社会食品安全问题的基础，也是有效开展食品安全问题讨论或争论的基础。比如，对不同方式生产食品的安全性判断，社会上常见这样的认识，某种方式生产的（如“添加”“人工”）食品不是安全的食品，或另一类方式生产的（如“原生态”“不添加”）食品是更安全的食品。这样的认识是把食品的生产方式当作食品安全性的判断依据了。然而，食品的生产方式能作为食品安全性的判断依据吗？什么才是食品安全性判断的依据呢？该书第一篇“厘清几个食品安全基本概念”中，对这些重要的基本概念进行了重新梳理和阐述。这为正确认识和理解我国社会食品安全问题提供了一个重要的基础。

该书提出了我国社会存在特殊性食品安全问题的观点。该书从社会性和法律角度对社会食品安全问题进行细分，把食品安全问题划分成一般性和特殊性两类食品安全问题。该书认为，我国处在改革开放的特殊社会环境下，除了存在一般性食品安全问题（与别国相同）外，还存在特殊性食品安全问题（与别国不同）。这种独特观点可以帮助我们从一般性和特殊性两个不同的视角，去认识我国社会食品安全问题的复杂性和独特性。比如，我国明显改善的食品安全整体局面实际包含两方面内容：一般性食品安全问题治理成效显著和特殊性食品安全问题治理效果有待提高。这对正确认识我国食品安全问题治理局面和提高治理效率会有重要的积极作用。

该书在分析我国消费者食品安全满意率不够高的原因方面，特别强调了消费者对食品安全客观状况的真实感知和理性预期的重要性。认为不能真实感知和理性预期我国食品安全客观状况，是我国消费者满意率不能与食品安全客观局面同步提高的两个重要原因。该书还提出了食品安全“歧见预期”的独特概念，认为食品安全歧见预期得不到满足，是我国消费者食品安全满意率提升的一个重要障碍。

该书就如何提高我国特殊性食品安全问题治理效率，从食品安全信息交流、依法治理、发挥专业第三方作用和社会共治等方面，提出了针对性的思路和具体对策。

董华强教授长期从事基层政府和企业食品安全管理研究、咨询和社会交流工作，并保持与国内外食品安全学界的密切联系。该书也是他长期工作经验和理论思考的总结。我认为，对关心食品安全问题的社会大众和食品安全问题治理相关各方，该书对于正确认识我国社会食品安全问题和采取有效应对措施，都会有积极的帮助作用和重要的参考价值。

中国工程院院士

2018 年 6 月 24 日

前　言

这些年来，我国食品行业在长足发展的同时，食品安全整体局面持续改善，消费者食品安全风险明显下降。种种科学数据表明，我国各项食品安全检测、监测指标合格率显著提高，食品安全合格率总体超过了97%，有的主要食品合格率指标已经超过99%；食品安全事故发生各项指标都在明显下降。但是，主要统计数据也表明，我国消费者食品安全满意率提升并不明显，提升幅度明显低于食品安全检测整体合格率的提升幅度，与政府和人民群众的期望还有较大差距。还有，一些小微生产经营单位的食品安全违法行为（比如无证经营、滥用添加剂等）仍然长期、普遍存在。虽然这些小微单位的非法行为对我国整体食品安全风险的直接影响不大，但其社会影响不容忽视。

可见，我国社会面临的这些食品安全问题，并非只是单纯的食品安全科学技术问题，同时还牵扯到社会治理、道德法律、经济发展等多方面因素，是一个涉及社会、法律、管理、政治等多个学科领域的综合性、复合问题。对我国社会食品安全复杂问题的认识和研究，不仅需要分别从不同相关学科领域单独开展，更需要从跨相关学科领域视角去认识和研究，才能更有效地帮助我们正确认识我国食品安全问题的实质、找到发生的原因和更有效的治理对策。

社会食品安全问题的存在与治理，必然与其所处社会环境有密切关系。我国社会食品安全问题存在的这些特点表明，我国社会食品安全问题除了具有食品安全问题的一般性外，还具有与我国独特社会环境密切相关的特殊性。因此，在认识和研究我国食品安全问题时，除了认识和研究我国食品安全问题的一般性外，必须重视对我国食品安全问题特殊性的认识和研究，这对于正确认识我国食品安全问题实质、找到发生的原因和更有效的治理对策有着重要意义。

然而，我国学界对食品安全问题及其原因和治理的研究，首先大都集中在食品安全科学技术领域；虽也有一些来自社会学科领域的研究，但其研究内容大多也只局限在本学科视角领域，缺乏以社会食品安全问题为中心、跨学科门类的系统性研究。其次，对我国食品安全问题内容的研究也大都集中在一般性食品安全问题上，对我国食品安全问题的特殊性缺乏深入研究。学界认识和研究的这些局限性，导致我国社会大众对食品安全一些基本概念和问题认不清、道不明。比如对“添加剂”“原生态”“转基因”等食品安全基本概念和问题在学界就存在不同观点，相互争论，长期不能形成共识；对消费者食品安全满意率认识的局限，又衍生出对我国食品安全问题治理局面的矛盾认识和治理对策的相左观点。这也成为社会各方对我国社会食品安全问题认识混乱的一个重要来源，成为困扰我国社会食品安全问题治理效率提高、消费者食品安全满意率长期低迷的一个重要障碍。

作者近十年来一直从事基层政府和企业食品安全管理研究、咨询和社会交流工作，并保持与国内外食品安全学界的密切联系，深感社会各方对我国社会食品安全问题复杂性和独特性认识的局限和困惑。因此，作者在长期接触和面对基层实际食品安全具体问题过程中，一直在努力不受学科领域限制地认识和研究这些食品安全问题的复杂性和特殊性，经常把自己的研究心得与基层政府和企业相关人员进行广泛交流，并得到他们的认同和欢迎。在此基础上，作者把这些认识和研究心得编写成“社会食品安全学”课程讲义，在大学食品专业本科生和硕士生教学中开出相关课程，并对讲义进行多次修改、完善和补充而成本书。

本书内容是作者不受学科领域限制，对我国食品安全问题基本概念和独特性认识、研究心得的总结，是作者从一个新的广域视角去认识和研究我国社会食品安全实际问题的一种尝试。希望本书内容能在认识我国社会食品安全问题的复杂性和特殊性、深入分析其原因以及采取针对性更强的有效治理对策方面，为食品安全监管者、企业管理者和关心食品安全的社会大众提供一些帮助；也希望能为不同学科领域深入研究我国社会食品安全问题原因和治理对策的学者，提供一点有意义的借鉴和帮助。

这本书的出版要感谢很多人。本书的主要思路源于政府部门和企业的食品安全问题治理实践过程，因此要感谢广东省、佛山市各级政府食品安全监管部门（尤其是顺德区食药监局）和佛山市农业部门以及相关食品（农产品）企业，感谢他们为我直接参与这些治理工作实践提供的机会和支持；本书写作过程也得到许多人的帮助：陈君石院士、岳国君院士的建言对本书写作有重要影响，孙宝国院士的序言更是对本书写作的很大鼓励，在此表示诚挚的谢意！最后还要感谢一帮学生和我家人的鼓励、支持和帮助！

目录
CONTENTS

第二篇 我国食品安全问题治理的特殊性

第三篇 我国社会食品安全问题特殊性原因分析

第一篇 厘清几个食品安全基本概念

多年来，关于我国食品安全问题治理存在着许多不同观点间的争论。然而，许多争论并非建立在对食品安全问题基本概念共识基础上的。一方面，这种源于对基本概念不同理解和认识基础上的争论很难达成共识；另一方面，基本概念的模糊认识会直接影响食品安全问题的治理效率。因此，很有必要重新梳理和厘清食品安全几个最基本的概念。

第一章
对食品和食品安全概念的模糊认识

对食品和食品安全概念的理解和认识，是理解和判断社会上与食品有关问题是否属于食品安全问题的基础，也是评价社会食品安全问题治理局面和判断政府职能部门监管权责的基础。对食品和食品安全概念的理解和认识是否正确，直接影响对我国社会食品安全问题治理局面的正确认识，影响对政府职能部门监管权责的划分及其治理效率的评价。

第一节　食品与食品安全

我们平常在谈论和争论某个社会热点食品安全问题时，关注的焦点一般都在该食品安全问题发生的原因、结果、治理措施等上。至于食品安全问题所涉及的“食品”“食品安全”这样的基本概念，是我们日常生活每天接触的，一般会认为即使不是十分清晰，也是社会约定俗成的共识。

“哪有连食品或食品安全都搞不懂的?”在回答这个问题之前，请先回答下述问题。

问题一，下列都是食品吗?

肉、蛋、奶、粮、果、菜；猪皮、牛筋、羊脂；烟、酒、茶，香水、槟榔、木屑；杏仁，白果（银杏)，当归，葡萄糖。

问题二，下述这些问题都是食品安全问题吗?

“镉大米”问题，“毒豆芽”问题，“红心盐蛋”问题，“大头婴儿奶粉”问题，“注水肉”问题，“羊头猪肉”问题，禽流感问题，香蕉伤人问题，不卫生猪皮、猪油问题，等等。

问题三，含镉、砷、大肠杆菌、激素等有害物质的食品都是不安全的？含钙、硒、维生素A、蛋白质等有益物质的食品都是安全的？

如果您对上述问题的回答尚有犹豫，就很有必要对下述“食品”“食品安全”概念的定义重新理解和认识。

一、食品概念

确定一个社会问题是否是食品安全问题，首先要看导致这个问题的物品是否是食品。

（一）食品的法律定义

人们对一般食品概念的理解会有多种，首先应该在如何定义“食品”概念上达成共识。因此“食品”概念的法律定义，应成为我们对“食品”理解的共识基础。

1. 食品的法律定义

根据《中华人民共和国食品安全法》（2015年4月24日公布，自2015年10月1日起施行，简称《食品安全法》，下同）[1]第一百五十条规定：“食品，指各种供人食用或者饮用的成品和原料以及按照传统既是食品又是药品的物品，但是不包括以治疗为目的的物品。”

2. 对“食品”法律定义的理解

按照《食品安全法》的定义，符合“食品”定义必须同时满足三个条件：第一，食用/饮用；第二，为人体提供一定的营养或感官享受的物品（不是所有物品）；第三，不包括以治疗为目的的物品（药）。对于“食用/饮用”定义的理解，应该是物品经过消化道进入人体。

一个物品必须同时满足上述三个条件才能算是食品，若不能同时满足上述任何一项条件，都不符合《食品安全法》定义的食品概念，不能称“食品”。如不用于食用/饮用（经消化道进入身体），或不为人体提供任何营养或感官享受，或以治疗为目的（药）的物品都不能算是法律意义的“食品”。

（二）依据法律定义对食品的判断

依据《食品安全法》对“食品”概念的定义，对上述物品是否是食品可以得出以下判断。

1. 下列物品是食品

肉、蛋、奶，粮、果、菜、酒、茶、槟榔、豆芽，它们都能同时符合食品定义所需的三个条件。

2. 下列物品不是食品

（1）烟、香水，不经消化道进入身体，不符合“食用”这一条件。

（2）木屑，不为人体提供任何营养或感官享受。

（3）当归，以治疗为目的（药）。

3. 不一定是食品

（1）杏仁、白果（银杏）。食药两用物品，当不以治疗为目的时为食品，而以治疗为目的时则为药，不是食品。

（2）葡萄糖。当食用或饮用时为食品；当注射进入人体时（非食用）的葡萄糖不为食品。

（3）猪皮、猪油。当食用时，为食品；非食品用途时，如制皮革、做饲料时的猪皮、猪油就不是食品了。

可见，由上述这些物品引发的安全问题，不一定都是食品安全问题，如果一概而论地将上述物品都算成是食品，就扩大了食品安全问题的范围。

二、食品安全概念

（一）“食品安全”法律定义

1. 法律定义

依据《食品安全法》第一百一十五条规定[1]：“食品安全，指食品无毒、无害，符合应当有的营养要求，对人体健康不造成任何急性、亚急性或者慢性危害。”

2. 对法律定义“食品安全”的理解

食品安全问题需同时满足下述两项条件：

（1）危害人体健康。会对人体造成任何危害（不管危害轻重，也不管危害发生时间的长短）的食品都是不安全食品，包括两类食品：一类含有毒、有害物质；另一类缺乏应当有的营养。

（2）由食品导致的人体健康危害。对人体健康造成的危害是由食用这些不安全食品导致的。如果这些食品导致的危害不是由食用导致的，也不属于食品安全范畴。

（二）依据法律定义判断食品安全问题

依据《食品安全法》对上述问题的判断如下。

1. 是食品安全问题

由食用“镉大米”“毒豆芽”“红心盐蛋”“大头婴儿奶粉”引起人体健康危害的问题，都是食品安全问题。这些导致人体健康危害的食品分两类：

（1）有毒、有害物质含量超过了食品安全标准，如“镉大米”“毒豆芽”“红心盐蛋”。

（2）食品应当有的营养物质含量不符合食品安全标准，如“大头婴儿奶粉”，其蛋白质含量低于国家食品安全标准。

2. 不一定是食品安全问题

可以分两种情况：

（1）假冒食品。假冒食品可以依据其安全品质不同分为两类：一类是安全品质合格的假冒食品，另一类是安全品质不合格的假冒食品。由安全品质不合格的假冒食品导致的问题是食品安全问题，而由安全品质合格的假冒食品引发的问题就不是食品安全问题。例如，安全品质不合格的“注水肉”“羊头猪肉”是假冒伪劣食品问题，同时也是食品安全问题。但如果安全品质合格，“注水肉”“羊头猪肉”仍然还是假冒伪劣食品问题，但就不是食品安全问题了。

（2）食用或非食用。用于非食用用途的食品所引发的问题首先已经不是食品问题了，也就更谈不上是食品安全问题。例如，猪皮、猪油可食用，也可用作制革和饲料原料。用作制革和饲料的猪皮、猪油已经不算食品，因此该用途下这些不符合食品安全标准的猪皮、猪油引发的问题就不是食品安全问题。

3. 不是食品安全问题

非食用食品导致的人体健康危害问题不是食品安全问题。

例如，静脉注射葡萄糖溶液导致的人体健康危害问题是医疗问题，不是食品安全问题，因为用作注射的葡萄糖不算食品。又如，踩香蕉摔倒受伤，虽然人体伤害是由食品所致，但其伤害并非由食用该香蕉引起，因此也不符合食品安全问题所需满足的条件，不属于食品安全问题。再如，带禽流感病毒的鸡导致的人体感染禽流感，虽然鸡算是食品，但人体感染禽流感是在接触感病活鸡过程中发生的，并不是因为食用了感病鸡肉造成的，由此导致的人体健康危害不满足食品安全问题所需条件，因此不属于食品安全问题。

三、有害物质与食品安全

一般认为食品中镉、砷、大肠杆菌、激素等物质有害于人体健康，称有害物质；而钙、硒、维生素 A、蛋白质等物质有益于人体健康，称有益物质。

（一）有害物含量低于一定量的食品是安全食品

按照食品安全判定的标准，食品中镉、砷、大肠杆菌、激素等物质含量超过食品安全标准限值时，这些食品被判定为不安全食品；而当这些有害物含量低于食品安全标准限值时，则被判定为符合食品安全标准，是安全食品。

（二）有益物含量超过一定限量的食品是不安全食品

当食品中的硒、钙、维生素 A、蛋白质等含量超过一定值时，该食品也是不安全的。例如，过量食用动物肝脏（猪肝、鹅肝等）导致的维生素 A 中毒；又如，蛋白质含量超过 18% 的婴儿奶粉是不安全食品（《GB 10766－1997 婴儿配方乳粉Ⅱ Ⅲ》规定：蛋白质含量 12.0% ~18.0%）[2]。

（三）有益物低于一定含量的食品是不安全食品

按《食品安全法》，当食品中的某种有益物质含量低于一定值时，不

“符合应当有的营养要求”，也会损害人体健康，也是不安全的。如蛋白质含量低于12%的婴儿奶粉是不安全食品。

“大头婴儿奶粉”被称为“毒”奶粉，会使食用这种奶粉的婴儿发生头部肿大为特征的病变[3]。这种奶粉并没有一项有害或有益物质含量高于一定限值，而是其中的蛋白质含量仅为6%或更低，导致长期食用这种奶粉的婴儿因蛋白质摄入严重不足而患病。

事实上，某种物质有益或有害于人体健康，只与人体对该物质的吸收量（暴露量）直接相关，间接地与该物质在食品中的含量相关，与该物质的种类（有害或有益）没有直接关系。

因此，在只知道某种食品里含有某种物质而不知道该物质含量多少的情况下，是不能判断含该物质的食品是否对人体有害或有益。更何况该种物质一定含量与人体健康有害或有益的影响还是间接的，直接的影响是人体对该物质的吸收量。

可见，不能仅凭食品里含有有害物质，就认为这种食品就一定不是安全食品，市场上出现这种食品就是出现了食品安全问题；反之，也不能仅凭食品里没有含任何有害物质或有害物没超标，就判定这种食品一定是安全的。

四、“食品”与“食品安全”概念不清的不利影响

（一）影响对食品安全问题的认识和划分

如果对“食品”和“食品安全”概念的认识出现偏差，首先会影响人们对食品安全问题的正确认识，对正确划分食品安全问题带来正或负的偏差。

1. 夸大食品安全问题

把不是食品、不是食品安全的问题看作是食品安全问题，会夸大社会食品安全问题发生数量和范围。可能会有以下几种情况：

（1）非食品问题当食品问题。一些由可食用物质引起的问题，如在不为条件下加工的猪皮或猪油，其品质虽不符合食品安全标准，但其用途并非食用，而是用于制工业明胶、制革或饲料等，这类问题就不是食品安全问题。把这类问题当作食品安全问题就夸大了食品安全问题数量。

(2) 非食品安全问题当食品安全问题。如质量安全合格的假冒食品(不合格食品),像"注水肉""挂羊头卖猪肉"等假冒食品,如果其安全品质符合食品安全标准,这类假冒食品问题就不是食品安全问题,把这类安全品质合格的假冒食品问题当作食品安全问题,就夸大了食品安全问题发生的数量。

(3) 夸大食品有害物质对健康的危害性。如前所述,食品中有害物对人体健康的危害性直接取决于人体对有害物的吸收量,与食品有害物含量是间接关系。例如,大米中镉的含量与其健康危害呈间接关系,只有镉含量超过标准限值的大米才是不安全大米,而镉含量没有"超标"的大米是安全大米。一种情况,仅因为大米中含有镉就把它称为"毒"大米,会把镉含量没有超标的大米也当作"毒"大米,夸大食品安全问题数量;另一种情况,一批镉含量超标大米经一定技术处理(如与另一批镉含量很低的大米充分均匀混合),如果其镉含量达到食品安全标准,这批大米就是安全食品。如果仍然把这些大米当作"毒"大米,就夸大了食品安全问题。

2. 缩小食品安全问题

不符合食品安全标准的假冒食品问题也是食品安全问题。如"红心鸭蛋""染色馒头"是假冒食品,不按食品安全标准使用饲料添加剂、食品添加剂,不符合食品安全标准,不是安全食品。因此"红心鸭蛋""染色馒头"问题既是假冒食品问题,也是食品安全问题。如果把这类食品安全问题只当作假冒食品问题、不当作食品安全问题,就把实际的食品安全问题缩小了。

没有或不会对人体健康造成严重危害的食品问题也是食品安全问题。根据《食品安全法》,"对人体健康不造成任何急性、亚急性或者慢性危害"的食品才是安全的,会对人体健康造成任何危害的食品都不是安全食品。因此,由任何不符合安全标准的食品引发的问题都是食品安全问题。如果只把食物中毒事件等严重危害人体健康的问题算作食品安全问题,把不符合食品安全标准、对人体健康危害程度不高的问题不算作食品安全问题,会大大缩小食品安全问题。

(二) 影响食品安全问题治理权责的正确划分及其治理效率

1. 影响食品安全问题治理权责的正确划分

对"食品"和"食品安全"法律定义的正确理解,是人们正确划分食品安全问题的基础，也是正确划分政府食品安全治理职能部门权责的认识基础。在夸大或缩小食品安全问题范围认识的基础上，会导致对政府食品安全监管职能部门权责范围扩大或缩小的不正确划分。

扩大食品安全监管职能部门权责范围。把本不是食品安全问题看作食品安全问题，例如，认为安全标准合格的“染色馒头”、安全的“注水肉”、在不卫生环境下加工制革用猪皮或饲料用猪油、预包装食品缺斤短两等是食品安全问题，扩大了食品安全问题范围，自然会认为这些问题属于政府食品安全监管职能部门的权责范围，导致不正确地扩大了其监管权责范围。

缩小食品安全监管职能部门权责范围。把食品安全问题看成非食品安全问题，例如，认为不符合安全标准的“染色馒头”“红心鸭蛋”和不卫生的“注水肉”只是假冒问题，不是食品安全问题，缩小了食品安全问题范围，又会不正确地缩小政府食品安全职能部门的监管权责范围。

2. 影响食品安全问题治理效率

政府各个职能部门监管资源的合理配置是建立在对各个职能部门监管权责正确划分基础上的。食品安全职能部门监管权责不正确地扩大或缩小，都会导致其监管权责与其监管资源不相匹配，不利于提高食品安全问题治理效率。

增大食品安全职能部门的监管负担。不正确地扩大监管权责会额外占用食品安全职能部门的监管资源（人、财、物），相对减少用于食品安全问题治理的监管资源，不利于提高食品安全问题治理效率。

降低食品安全问题治理效率。不正确地缩小监管权责，会把食品安全问题划归非食品安全职能部门监管，造成非食品安全职能部门的额外监管资源负担，导致该食品安全问题治理效率的降低。

（三）影响人们对食品安全问题治理局面的正确判断和满意率

由于人们对“食品”和“食品安全”法律定义理解的偏差，导致人们对食品安全问题及其监管权责范围不正确的认识和划分，这会导致阻碍食品安全问题治理效率的提升，从而影响人们对我国社会食品安全问题治理局面的正确判断，成为影响人们食品安全问题治理效率和效果满意率的一个重要因素。

第二节 “食品”与“农产品”的区分

“食品”与“农产品”概念的划分，主要关系到政府食品安全监管职能部门权责的划分。“食品”与“农产品”概念的清楚划分，是政府食品和农产品安全监管职能部门之间监管权责清晰划分的重要基础。如果不能在法律概念上清晰划分“食品”与“农产品”，会对职能部门监管权责划分带来很大困难和麻烦。

一、问题的提出——“毒豆芽”问题归哪个部门管？

前几年社会上曾经沸沸扬扬地出现过“毒豆芽”问题，所谓“毒豆芽”是指在豆芽生产过程中使用了一种称为6－苄基腺嘌呤的化学物质[4]。

（一）“毒豆芽”毒吗？

1. “毒豆芽”算食品就有“毒”

豆芽生产过程中使用了6－苄基腺嘌呤，这种物质没有列入我国《食品添加剂使用标准》（GB 2760－2014）[5]，不是食品添加剂。按照我国食品安全法律、法规，食品生产过程不允许往食品里添加食品添加剂以外的化学物质。因此在食品中添加6－苄基腺嘌呤违反了我国食品安全法规，无论添加多少都属于非法添加化学物质，这样生产的食品不符合食品安全标准，不是安全食品。

2. “毒豆芽”算农产品未必有毒

6－苄基腺嘌呤是一种农作物生长调节剂（类似于微量肥料），在农作物生产过程中使用是合法的。因此，农作物豆芽在生产过程中只要按照规定使用6－苄基腺嘌呤，农产品豆芽符合农产品质量安全标准，是安全农产品，就不是“毒豆芽”。

（二）“毒豆芽”问题归哪个部门管？

我国《食品安全法》和《中华人民共和国农产品质量安全法》（2006年

4月29日公布，自2006年11月1日起施行，简称《农产品安全法》，下同）[6]明确规定，农产品安全问题归农业部门管，食品安全问题归食品药品监管（简称食药监）部门管。因此，只要豆芽算食品，“毒豆芽”问题就归食药监部门管；而豆芽算农产品的话，“毒豆芽”问题就是农业部门的责任。

然而，豆芽算食品还是农产品呢？只有从《食品安全法》和《农产品安全法》中才能找出答案。

二、“农产品”与“食品”的法律定义

（一）“农产品”的法律定义

1. 《农产品安全法》规定

“本法所称农产品，是指来源于农业的初级产品，即在农业活动中获得的植物、动物、微生物及其产品。”[6]

2. 对“农产品”法律定义的理解

“在农业活动中获得”，即物品的农业活动来源，是定义“农产品”概念的核心，来源于农业活动的产物都是农产品，非农业活动所获得的产物，都是非农产品。该法律定义对农产品的用途未做任何规定。

例如，玉米是农业活动的直接产物，是农产品。至于玉米是用作食用，或用于生产工业乙醇，还是用作饲料，都不影响玉米是“农产品”。而玉米面不是农业活动的直接产物，不是农产品，至于作什么用途，玉米面也都不是农产品。

（二）“食品”的法律定义

1. 《食品安全法》规定

《食品安全法》规定“食品，指各种供人食用或者饮用的成品和原料以及按照传统既是食品又是药品的物品。”

2. 对“食品”法律定义的理解

“供人食用或者饮用”，明确规定了物品的用途，即凡用于人的食用或饮用的物品都是食品，不是用于人食用的都不是食品。该法律定义未对“食

品”的来源作任何规定。

例如，大豆或大豆油，只要是拿来给人食用，就是食品，不管大豆是从地里产的还是加工成大豆油；而大豆或大豆油用作饲料，就不算食品了。

三、《农产品安全法》和《食品安全法》定义“农产品”和“食品”概念内涵可重叠

《农产品安全法》和《食品安全法》对“农产品”和“食品”的定义都做了非常清楚的划分。但是实际划分具体物品是农产品或食品也会是那么清楚吗？例如，生猪、猪肉、肉罐头、活鸡、光鸡、生鲜鸡、谷子、大米、米粉、蔬菜、水果、干果、豆芽、面粉、饼干、蛋糕等，哪些是农产品或食品呢？我们发现这些物品中有的既是农产品又是食品。

（一）可重叠和不重叠概念

1. 不重叠概念

定义两个概念的内涵不可重叠，两个概念就是不重叠概念。例如，定义“广东人”和“山东人”是依据其出生地，“广东人”和“山东人”是两个不重叠概念，因其定义内涵出生地“广东”和“山东”是两个不重叠内涵。你是广东生人，就不会是山东生人。

2. 可重叠概念

定义两个概念的内涵可重叠，两个概念就是可重叠概念。例如，“广东人”和“好人”，就是两个可重叠概念。其定义“广东人”是依据出生地，定义“好人”的依据是其言行。一个人的“出生地”与其“言行”是可以重叠的。因此“广东人”和“好人”就可以是一个人，即“广东好人”。

（二）“食品”与“农产品”概念可重叠

依据《食品安全法》和《农产品安全法》，定义“食品”是依据其用途（食用/饮用），定义“农产品”是依据来源（在农业活动中获得）。显然，一个物品的来源和用途是可以重叠的。因此，食品和农产品可以是两个物品，也可以是同一个物品，即“食用农产品”。

四、"农业活动"概念内涵不清

"农业活动"是《农产品安全法》定义"农产品"的核心内容。然而《农产品安全法》对"农业活动"未做任何定义，而"农业活动"也非社会约定俗成的概念，这就给定义和解释"农业活动"概念留下很大的"自由裁量空间"。

（一）"农业活动"指农业生物种植、养殖活动

1. 传统农业生物的种植、养殖活动

传统种植、养殖活动一般指传统农民在农村的田间进行的种植、养殖活动，如种菜、养猪、种蘑菇等。也包括与种植、养殖活动直接关联的劳动，例如，庄稼的收割、随后的运输、晾晒等，也是"农业活动"。可见，传统"农业活动"概念范围已超出了种植、养殖活动，但超出范围并无明确界线。

2. 现代农业生物种植、养殖活动

现代农业生物种植、养殖活动还包括在农村或非农村的大棚、工厂、无土条件、发酵罐中，由农民或非农民进行种植和养殖活动。

如果这些农业生物种植、养殖或培养活动算"农业活动"，依据《农产品安全法》对"农产品"的划分，由这类农业活动生产出来的试管苗、无土菜、车间菌就还是农产品；如果这些种植、养殖活动不算农业活动，依据《食品安全法》对"食品"的划分，由这些活动生产出来的蔬菜、水果、活鸡就是食品了。

（二）传统农业活动与现代农业活动

1. 传统农业活动

传统农业活动一般指传统农民在农村的田间进行的种植、养殖活动，也可包括与其直接相关的活动。

2. 现代农业活

现代农业活动可以涵盖整个农产品生产经营供应链，除了种植、养殖（产中阶段）外，还包括产前阶段和产后阶段，例如，农产品采后处理、贮

藏运输、市场销售等环节，甚至包括农民在农村开网店的活动。

可见，“农业活动”概念本身是一个没有明确内涵的模糊概念。

“农业活动”是《农产品安全法》定义“农产品”的核心内容。然而《农产品安全法》对“农业活动”未做任何定义，而“农业活动”也非社会约定俗成的概念，这就给定义和解释“农业活动”概念留下很大的“自由裁量空间”。

（三）“农业活动”与“食品加工”的区分

有人试图用“加工”作为区分“食品”和“农产品”的依据：没有经过加工的农业活动产物为“农产品”，经过加工的农产品为“食品”。

但依据“加工”与否能划清农产品与食品的界线吗？

1.《农产品安全法》和《食品安全法》的定义

《农产品安全法》中“农产品”定义：“在农业活动中获得的植物、动物、微生物及其产品”；《食品安全法》中“食品”定义：“指各种供人食用或者饮用的成品和原料以及按照传统既是食品又是药品的物品。”

可见，《农产品安全法》和《食品安全法》对农产品或食品的定义均未涉及“加工”活动。

2.“食品加工”概念内涵宽泛

《农产品安全法》和《食品安全法》对“食品加工”活动并无明确定义，约定俗成的“食品加工”活动也无明确内涵，一般食品加工内容主要包括清洗、清理、切分、包装、干燥等活动，对这些“加工”的具体形式、加工程度并无明确界线。因此依据一般意义的“食品加工”活动很难明确划分“农产品”与“食品”。

例如，一只活鸡经宰杀、去毛成光鸡，是否算农产品？再经开膛、切分两半、包装，不算农产品？再经过干燥、真空包装，还算农产品？

又如，一颗摘下的蔬菜经清理、清洗、分级，是否算农产品？再煮制、晒干、打包呢？或再经煮制、罐装，还算农产品？

可见，依据一般意义的“食品加工”（如清洗、清理、切分、包装、干燥等）概念，对“农产品”还是“食品”的划分有很大的“自由裁量空间”，很难做出明确、不具争议的划分。

五、划不清“农产品”与“食品”的弊端

（一）权责不清

权责不清是我国食品安全问题治理久治不愈的“顽疾”。依据《食品安全法》和《农产品安全法》，我国国内食品、农产品安全监管分别由食药监部门和农业部门负责。依法划不清“农产品”与“食品”的直接结果，就是依法分不清食品和农产品安全监管权责。

（二）影响法律的权威性

《食品安全法》和《农产品质量安全法》是我国食品安全问题治理的两部最高层级的法律。依据《食品安全法》和《农产品安全法》确很难明确划分食品安全和农产品安全监管职能部门的权责，必然对《食品安全法》和《农产品安全法》的严肃性和权威性有影响。

第三节　与食品安全相关的几个概念

一、食品（数量）安全与食品（质量）安全

（一）食品（数量）安全

食品（数量）安全（food security），主要指食物数量上的安全性。例如，缺乏食物、饥荒等，保障粮食安全通常是指保障食物数量上的充足性。

（二）食品（质量）安全

食品（质量）安全（food safety），是指食品品质对人体健康的安全性。例如，我国《食品安全法》对食品安全的定义，食品应对人体健康无害并含应

有的营养。

在我们现在的一般表述中，“食品安全”一般是指食品质量安全；而在过去食品并不丰富甚至短缺的年代，一般表述的“食品安全”更主要指食品数量安全。虽然这几乎是一种约定俗成的表述，但并不是很严谨和准确，有必要在特定情况下做出解释，以免引起对另一种食品安全含义的误解。

二、食品作弊、造假与食品安全

（一）食品作弊、造假

食品作弊、造假，是指以获取经济利益为目的做出有关产品的虚假或误导性陈述。包括对食品、食品成分、食品包装或食品标签中故意和有目的性地替换、添加、篡改。简单地说，是一种以经济利益为目的的食品综合性品质造假、作弊，涉及食品多方面品质的假冒伪劣。

（二）食品造假问题与食品安全问题

1. 食品造假问题不等于食品安全问题

食品造假可能不涉及食品的安全品质，也可能涉及食品的安全品质。

（1）造假问题不是食品安全问题。

当食品造假不涉及食品安全品质时，不是食品安全问题。

例如，符合食品安全标准的猪肉冒充羊肉、480 克包装食品冒充 500 克包装等，都是食品造假、作弊问题，但因不涉及食品安全品质，不是食品安全问题。

（2）造假问题也是食品安全问题。

当造假涉及食品安全品质时，如果造假导致不符合食品安全标准，既是造假问题，也是食品安全问题。

例如，用非食品添加剂或超范围使用食品添加剂把白馒头染成黄色冒充玉米馒头，这种假冒馒头不符合食品安全标准，即是造假问题，也是食品安全问题。

又如，把含有瘦肉精的猪肉冒充不含瘦肉精猪肉销售，是一种猪肉（安全）品质造假问题，当然也是食品安全问题。

可见，“食品造假问题不等于食品安全问题”有两重含义：不能只因食品造假就判定是食品安全问题，也不能因为食品造假就断定不是食品安全问题。

2. 经济利益驱动的食品安全问题都是假冒问题

为经济利益驱动，市场上所有非安全食品经营者都会声称他们提供的是安全食品，即非安全食品假冒安全食品。因此，市场食品安全问题也都是食品（安全品质）假冒问题。

可见，假冒食品与非安全食品之间是整体和局部的关系，假冒食品包含非安全食品，但不等于非安全食品；但非安全食品都是假冒伪食品（非安全冒充安全）。因此，市场食品安全问题的治理也是一种假冒伪劣行为问题治理。

三、食品安全问题与社会食品安全问题

（一）食品安全问题

通常表述的食品安全问题一般指食品安全科学技术问题，如食品安全风险评估、检测、监测、食品安全风险控制技术等。这些年来，我国食品安全学术活动主要在食品安全科学技术领域展开，因此“食品安全问题”几乎约定俗成地成为“食品安全科学技术问题”的代名词。事实上，不仅科学技术领域有食品安全问题，其他一些相关领域也有食品安全的问题。

（二）社会食品安全问题

社会食品安全（food safety in society）问题指社会上的食品安全问题，涉及与食品安全相关各个领域的问题，包括科学技术问题，更包括法律、政治、经济、民生、社会等多方面的问题，是一个综合性、复合性的问题。社会食品安全问题的治理，不仅需要提高科学技术水平，更需要完善法律、行政、社会治理体制等，提高社会综合治理能力和水平，才能实现社会食品安全问题的有效治理。

第二章

食品的安全性及其判断依据

社会上有这样一种认识，认为市场上一些种类食品，如无添加、有机、原生态等食品，是更安全食品或安全食品。而市场上另一些种类食品，如有添加、非有机、非原生态食品种类，相对那些更安全或安全食品种类而言，会被认为不那么安全、甚至不安全食品。

这些观点涉及一个对食品安全性概念以及其判断依据的基本问题。因此，在讨论市场上哪种食品更安全之前，应该先对食品安全性及其判断依据这个问题有个清晰的理解和认识。

问题一，可以把生产方式作为食品安全性的判断标准吗？

问题二，“人类长期、大量食用经验”法可以作为食品安全性的判断依据吗？

问题三，食品安全风险评估结果可以作为食品安全性判断标准吗？

问题四，食品安全标准订得越高越好？

第一节　食品的危害因素及其来源

按照《食品安全法》对“食品安全”的定义，对人体健康有危害的食品包括食品中含有害的物质和食品中缺乏有益的物质两大方面。

一、食品中有害物含量过高

食品中危害人体健康的物质包括物理、生物和化学的三大类物质。[7]

（一）食品物理危害

1. 主要物理危害

主要物理危害，如食品中的铁屑、石粒、玻璃碴等物质，会对人体造成物理性伤害。

2. 主要物理危害来源

食品中的物理危害因素来自食物的生产、加工和贮运过程，食品加工过程是主要物理危害来源。

3. 发生食品物理危害的主要原因

由于物理危害一般都能被消费者直接感知，以获取经济利益为目的故意在食品中引入物理危害物很少发生，主要是由失误、意外等非故意原因导致。

4. 人类活动干预对食品物理危害风险的影响

食品加工过程就是一个人为干预的过程。一方面，随着加工过程的深入和复杂，增加了食品中混入物理危害物的风险，如碾米过程可能混入碾米机械掉落的铁屑；另一方面，人们通过发展科学技术（如磁选机）和加强管理（如 HACCP），有效降低了食品物理危害的发生风险。总体而言，随着人类不断发展和完善食品加工、管理技术，食品中物理危害物发生的风险呈显著下降趋势。例如，现在吃米饭时咬到石子或泥块的风险比以前大大降低了。

可见在食物生产过程中，随着人类干预程度的增加，食品的物理危害风险明显下降。

（二）食品生物危害

1. 主要生物危害

由食品中有害生物引起的人体健康危害，主要有害生物包括细菌、真菌、寄生虫和病毒等。食品生物危害有一般和严格意义两种概念。

（1）一般意义食品生物危害概念。

一般意义食品生物危害概念包括两方面。一方面，是有害生物进入人体后活动本身直接引起的人体健康危害（感染型），如进入人体的寄生虫活动，在肠道内大量生长繁殖的细菌刺激肠壁引起的不适等；另一方面是有害生物活动产生的有害化学物质对人体健康的危害（毒素型），如大肠杆菌产生的肠毒素、黄曲霉产生的黄曲霉素等，对人体的危害是因为肠毒素和黄曲霉素这些化学物质。

（2）严格意义的食品生物危害概念。

严格意义的食品生物危害概念只包括进入人体有害生物活动本身对人体造成的直接危害，而由食品中有害生物产生有害化学物质导致的人体危害归属到化学危害类。

严格意义的食品危害概念更有利于危害控制方法分类。因为生物危害和化学危害的控制方法差别很大，例如，大多数生物危害在低于10℃和高于60℃的温度条件下就能被有效控制，而这一条件对化学危害控制几乎完全无效。

2. 主要生物危害来源

食品生物危害可以来自从农田到餐桌的整个食品供应链的每一个环节，包括食物及其原料自身携带的和外来污染的有害生物。

3. 发生食品生物危害的主要原因

由于有害生物，尤其是微生物，是自然环境中的一类天然生物，无处不在；另外，这些有害生物生长繁殖所需的营养和环境条件与人类和农业生物所需相同或近似。因此，有害生物天然地在食品生产整个过程中无孔不入。又由于有害生物不会给食品生产、销售带来好处，还会导致食品腐败变质。因此，一方面，自然状态下食品生物危害风险很高；另一方面，食品生物危害的发生一般都不是经济利益驱动的故意行为，而是因生物危害风险控制技术不足和管理措施疏漏造成的。

4. 人类活动干预对食品生物危害风险的影响

由于生物危害一直都是一种主要的食品危害，而生物危害又不会为食品生产经营带来经济利益，因此人类一直在通过发展食品生物危害风险控制科学技术和完善管理控制措施，在食品供应链每个环节努力控制生物危害风险。

虽然食品生产经营的规模化也一定程度增大了生物危害风险控制难度，但规模化生产经营带来更多的是控制食品生物危害风险的有利因素。因此，人类活动干预有效地降低了食品生物危害风险。

（三）食品化学危害

1. 食品主要化学危害

食品中的主要化学危害物包括有害金属类元素，农药、兽药、肥料成分等残留物，食品天然毒素，食品过敏原物质，生物毒素，化学添加物等，人体从食品中过量吸收这些化学物质，会危害人体健康。

2. 主要化学危害来源

主要化学危害来源，可以分为天然存在和人为干预增加两大部分。

（1）食品中的天然有害物。

食品中的天然有害物又可分为食品天然成分和从天然环境中吸收累积的成分两大方面。

①食品天然有害成分又可分为有害成分和过敏成分两部分。

a）食品天然有害成分指食品本身成分中所含有的有害成分，吸收超过一定限量会危害人体健康，可分为食品天然存在成分和后期产生有害成分。

食品天然存在成分：指食品及其原料中本身就含有的有害物质，例如，蘑菇毒素、棉籽油中的棉籽酚、黄花菜中的秋水仙素、木薯中氰苷类等，是食品中本身天然存在的物质。

食品后期产生有害成分：指采收后的食品及其原料，在一定条件下新产生的天然有害物质，例如，我们熟知的马铃薯发芽产生的龙葵素，油脂贮存或加工中产生的过氧化物等物质。

b）食品过敏成分。有的食品天然成分，如天然蛋白质，会对过敏人群造成过敏反应，危害身体健康。危害程度依不同人体对过敏原成分的敏感程度有很大差别，同一成分导致的过敏危害可以从人体稍感不适到危及生命不等。许多普通食品都可能对部分过敏人群有害，例如，美国花生蛋白过敏人群约占人口比例的1%，不少人对小麦蛋白过敏，也有人对大米蛋白过敏。过敏成分是危害人体健康的一类重要的天然有害物。

②食品从天然环境中吸收的天然物质。在两种情况下天然动植物从天然

环境中吸收、积累的有害物会超过食品安全限量标准，成为不安全食品或不安全食品原料。一种情况是天然环境中天然有害物含量很高，天然动植物在自然生长过程中吸收、积累的有害物会超过食品安全标准限值，比如某些天然富镉的土壤中生长的水稻，可能大米中镉的成分就会过高。另一种情况是天然环境中有害物含量并非很高，但某些对该有害物吸收、富集能力很强的动植物会在体内积累超过食品安全标准限值的这些有害物质。

（2）动植物中天然有毒物举例。[7]

①植物性食物中天然有毒物。

地球上有 30 多万种植物，其中可作为人类食物的不过数百种，约占 0. 1%。也就是说自然界有 99. 9% 的植物因存在天然危害风险而不能被人类食用。即使在人类已经食用的天然植物性食物中，也存在许多天然有毒物，其中常见的主要有苷类（皂苷、生氰糖苷、芥子苷）、生物碱类（龙葵素、秋水仙碱、吡咯生物碱）、棉酚、毒蛋白（外源凝集素、酶抑制剂等）、草酸及其盐类、芥酸、紫质及其衍生物等。

②动物性食物中的天然有毒物。

包括水产品中的天然毒素，如河豚毒素、组胺、肉毒鱼类中的“雪卡”毒素、蛤类毒素、海兔毒素、螺类毒素、鲍类毒素；两栖类动物毒素，家畜肉主要毒素，如甲状腺素、肾上腺皮质激素、病变淋巴结等，动物肝脏中毒素等。

可见，即使在人类食用了许多年的天然食物中，也都还存在许多天然危害化学物质，构成人类一大天然食品安全风险。

（3）人类活动干预产生的食品化学有害物。

人类活动干预导致的食品有害化学物质主要来源于三个方面。

①不适当的工业活动导致的农业环境污染（土壤、水源、空气）。

工业生产过程产生的污染物对农业生产环境的污染，如工业生产过程排除的重金属、环境激素、其他有毒害物质等，导致农业动植物生长过程从污染的环境中吸收过多的有害物质，造成食品中有害物含量超过限量标准。

②不适当的农业生产活动导致农业生物中化学投入品过量。

农业活动中不适当使用的化学投入品（化肥、农药、兽药、饲料添加剂等），导致农业生物体中有害化学物质含量超过一定限量，会危害人体健康。

比如蔬菜中有机磷含量超标、猪肉中“瘦肉精”含量超标等。

③不适当的食品加工、处理过程包括非法添加和污染两方面。

a）食品非法添加化学物，包括添加非法化学物和合法食品添加物的非法添加两大方面。添加非法化学物指在食品中添加了法律不允许添加的化学物质，无论添加多少，如“红心鸭蛋”“三聚氰胺奶粉”等；合法食品添加物的非法添加指食品中所添加的是法律允许的物质，但超出了法律规定的食品范围添加，如“染色馒头”，或者超出了法律规定的添加限量，如过量使用防腐剂等。

b）不符合食品安全标准的加工、包装、贮运过程造成食品的有害物污染，如“地沟油”、不合格包装物污染食品等。

3. 产生食品化学危害的主要原因

如上所述，食品中化学危害物来源于食品本身天然成分和人类活动添加两方面，因此产生食品化学危害的原因有天然和人为两方面因素。而人为因素又可分为无意和故意两方面。

可见，相对于食品物理和生物危害产生原因，食品化学危害多了一条人为故意添加这项重要原因。

4. 人类活动干预对食品化学危害风险的影响

人类活动干预对食品化学危害风险的影响包括增大和降低两个方面。

（1）人类活动对食品化学危害风险的增大效应。

人类活动增大食品化学危害风险主要源于不适当的人类活动，主要包括不适当的生产活动和效率不高的管理活动。

①不适当的生产活动。

不适当的工业、农业活动导致食品生产环境、生产过程中化学危害因素的增加。例如，不适当的工业生产排除过量污染物，污染农田灌溉水、土壤等，不适当的农业活动使用过多的化肥、农药、兽药等，都会导致食品化学危害风险增加。

食品生产、加工过程中不适当的加工工艺、化学添加物的使用等，直接导致食品中化学危害物含量的增加，增大食品安全风险。

②不适当的管理活动。

不适当的食品生产过程管理，不能有效控制生产过程中的食品安全风险，例如，食品添加剂使用超过了规定范围，会增大食品化学危害风险。

缺乏效率的社会道德和法律管理活动，不能有效控制人们为谋利而故意地违反食品化学物添加规定，增大食品化学危害风险。

（2）人类活动对食品化学危害风险的降低效应。

人类一切活动都是朝着利益最大化方向努力。人类活动对食品安全风险的降低效应，主要体现在适当的生产活动和提高管理效率两方面。

①努力提高食品安全风险控制科学技术水平。人类活动一直在努力提高食品安全风险控制科学技术水平，包括食品安全风险评估、食品危害物检测、监测、安全食品生产技术等，并且取得了长足进步，人类活动显著提高了识别、发现和控制食品安全风险科学技术水平，大大降低了食品安全风险。

②努力提高食品安全风险控制管理水平。在努力提高食品安全风险控制科学技术水平的同时，人类也在努力从法律和道德方面改进和提高食品安全风险控制管理能力，食品安全监管法制体系不断完善，对食品危害故意行为的控制效率不断提高，有效降低了食品安全风险。

总体来说，人类干预活动降低了食品化学危害风险。

二、食品中有益物含量过低

按照《食品安全法》定义，食品安全除了指食品“无毒、无害”外，也指食品“符合应当有的营养要求”。

（一）食品容易缺乏的主要营养成分

1. 普通食物

在食物充足的情况下，普通营养成分缺乏的风险较低，如蛋白质、碳水化合物、脂肪等普通营养成分缺乏风险较低；而膳食纤维、维生素、微量矿物质元素和活性物质等成分含量过低的风险较高。

2. 特殊食品

特殊食品指针对特殊人群营养需要的食品，如婴幼儿奶粉的蛋白质。这类食品中如果针对特殊人群所需营养成分含量不足的话，危害特殊人群身体健康的风险很高。

（二）食品缺乏应有营养成分的原因

食品中某种重要营养成分含量不足的原因有天然因素和人为因素两个方面。

1. 天然因素导致食品缺乏营养成分

天然食物中营养成分含量取决于天然食物原料品种特性及其生长环境。如果缺乏某种营养成分使这种食物原料的品种特性，或其生长环境不利于食物原料形成某种营养成分，会导致这种食物中缺乏某种营养成分的风险提高。

2. 人为因素导致食品缺乏营养成分

不适当的食物原料生产方式或食品加工方式，会导致食品中某种营养成分的缺失。例如，不合适的贮存条件会导致果蔬食品中维生素 C 含量的明显下降。

（三）人类活动对食品缺乏营养成分的影响

1. 不适当的人类活动会导致食品营养成分不足

如上所述，不适当的食物原料生产、食品加工方式会导致食品中营养成分不足。导致食品营养成分不足的人类行为可以分为有意和无意两种。

2. 合理的人类活动提高了食品营养成分含量的合理性

人类活动通过改良农作物品种、改进生产方式和加工方式，努力提高天然食品中缺乏的营养成分含量，保障了普通食品中营养成分含量的合理性；通过合理配方和加工方式，保障了特殊食品营养成分含量的合理性。

综上所述，人类活动对于食品安全风险控制有正和负、积极与消极两方面。人类不适当、不合理的活动会对食品安全风险产生消极或负面影响，增加食品安全风险；而适当、正确的人类活动可以有效降低食品安全风险。

因此，人类活动对食品安全风险的影响取决于人类活动是否正确和适当，并非取决于人类活动规模大小或程度深浅。由于人类活动一直是朝着利益最大化方向努力，因此，人类活动总体上有效降低了食品安全风险。

可见，减少人类活动不能降低食品安全风险，只有通过努力增加正确、适当的人类活动，才能有效降低食品安全风险。

第二节　食品安全性的判断依据

在评价和判断食品的安全性之前，需要把判断食品安全性的依据弄清楚。

一、生产方式不能作为判断食品安全性的依据

不同方式都存在生产出安全和不安全食品的可能性。

（一）“原生态”生产食品方式

在整个食品及其原料生产过程中不发生任何人为干预，如耕地、灌溉、施肥、化学物质使用等，纯天然食品生产方式，存在产生安全和不安全食品的可能。

1. “原生态”方式可以生产出安全食品

可避免不适当人为干预性行为导致的不安全因素，如农药、兽药、添加剂的不合理使用。

2. “原生态”方式也会生产出不安全食品

食品中存在的天然有害因素、食品原料从天然环境中获得的天然有害因素等，导致“原生态”食品存在极大的食品安全风险。

（二）使用化学物质方式生产食品

在食品及其原料生产过程中使用化肥、农药、兽药、添加剂等化学物质是一类现代食品生产方式，这类方式会生产出安全与不安全食品。

1. 使用化学物质可以生产出安全食品

按照食品及其原料生产使用化学物质规定生产的食品是安全食品。

2. 使用化学物质也会生产出不安全食品

违反食品及其原料生产使用化学物质规定生产的食品会是不安全食品。

（三）不同育种方式生产食品

1. 传统育种方式生产食品

传统育种方式可能生产出安全食品，也会生产出不安全食品。

2. 现代育种方式（分子育种、基因工程育种）方式生产食品

现代育种方式（分子育种、基因工程育种）方式可能生产出安全食品，也可能生产出不安全食品。

可见，不同生产方式都存在生产出安全或不安全食品的可能性，尽管某

种或某些方式生产出安全食品的可能性更高，另一种或一些方式生产出不安全食品的概率更大，但不能把这种生产方式作为判断其生产出食品安全性的依据，即某种方式生产（如原生态）食品就是安全食品，而另一种方式生产（如使用添加剂）食品就不是安全食品。

二、食品安全性评价

（一）食品安全性评价结果是判断食品安全性的依据

食品的生产方式并不涉及食品安全性的评价，不同生产方式所生产食品的安全性需要经过食品安全性评价，根据安全性评价结果才能对食品的安全性做出判断。

（二）食品安全性评价合格的食品是安全食品

凡是通过食品安全性评价，评价结果符合标准的食品就是安全食品，不管食品是由哪种生产方式生产出来的（原生态方式或使用农药方式）；凡是未通过食品安全性评价，或安全性评价结果不符合标准的食品，都不是安全食品，不管食品是由哪种生产方式生产出来的（传统育种方式或现代育种方式）。

也就是说，食品的安全性是由食品安全性评价方法决定和判断的，不是由食物的生产方式或来源决定的。

第三节　食品安全性评价方法

一、食品安全风险评估方法简介[8]

食品安全风险评估方法是一套全球公认、科学合理的现代食品安全性评价方法。这套食品安全性评价科学方法总体包括危害识别、危害特征描述、摄入量评估（暴露评估）和危险性特征描述等四个环节。

（一）危害识别

根据流行病学研究、动物试验、体外试验、定量的结构—效应关系等科学数据，确定某种危害（定性）。

（二）危害特征描述

主要研究剂量—反应关系（定量）。

（三）摄入量评估（暴露评估）

对正常人体摄入某种危害物数量的评估。

（四）危险性特征描述

在以上三个步骤的基础上，对既定人群中存在的已知或潜在的危害发生的可能性和严重程度进行定性或定量的估计（结论）。

二、食品安全风险评估结果表示[8]

食品安全风险评估结果一般表示为：按有害因素可能导致一般人群某种健康危害的风险超过能够接受程度的摄入量。一般有下述几种表示方法。

（一）有阈值的化学物

每日允许摄入量（ADI），每日耐受摄入量（TDI）或暂定每周耐受摄入量（PTWI）、暂定每月耐受摄入量（PTMI）。

（二）没有阈值的危害物

需要计算人群危险性是可以接受的（不构成危险）或不可以接受的（构成危险）。

三、食品安全风险评估结果的特性

（一）科学性

食品安全风险评估是一个科学技术过程，其结果是由科学家严格按照现代科学理论和技术方法得出的，不受社会环境、文化特征、法律制度等因素影响。

（二）局限性

食品安全风险评估结果的间接性。食品安全风险评估是一项实验性很强的科学技术方法，主要依据科学实验获得的实验数据做出安全性判断。然而，在现代科学技术条件下，食品安全风险评估实验数据还不能直接从人体实验获得，而是通过动物实验、体外实验等间接方法获得。因此依据这些科学实验获得的间接数据所做出的食品安全风险评估结果判断，其准确性还存在一定的科学局限性。

食品安全风险评估结果的科学技术局限性。科学技术是不断发展的。像其他任何科学技术一样，食品安全风险评估科学技术也具有发展性。因此食品安全风险评估结果也会随着科学技术的不断发展而得到不断的调整和完善。

（三）范围性（弹性）

食品安全风险评估结果一般表示的是危害物吸入量在一定范围的食品安全风险大小，并非一个明确的界定食品安全与否的界限，即食品中某种物质在某种含量、某种摄入量下，会导致一般人群身体健康某种危害的一个概率范围。

对于同样状态下的不同人群、同一人群在不同状态下，同样危害物含量食品的摄入量不同，同样摄入量对不同人群健康危害风险不同。因此，对同一危害物在食品中含量的限量，不同的人群会有不同的看法。

四、人类长期大量试食经验方法简介

人类长期大量食用某种食物，对于一般人群没有发现明显危害，例如，大米，小麦，花生，玉米等。因此，“人类吃了几千年的食品是安全的”，成为我们判断食品安全性的一项依据。

（一）“人类长期、大量食用经验”法的科学性

人类长期、大量食用经验，类似于一项长期、大规模的食品安全流行病学调查，其结果对于判断食品的安全性有重要意义。尤其对于一般人群明显健康状况影响的判断，人类长期、大量食用结果有非常高的准确性和可信性。

（二）“人类长期食用经验”法的局限性

1. 经验结果的局限性

（1）不能涵盖所有不同人群。“人类长期食用未发现危害”是指一般人群未发现危害，缺乏对少数特殊人群进行细致的分类观察。例如，花生是经人类长期、大量食用证明安全的食品，但少数特殊人群对花生蛋白过敏，危害健康甚至致命，如美国就有约 1% 的人群对花生食品过敏。

（2）对危害的识别和判断方法粗浅。人类长期、大量食用经验结果主要是建立在食物与人体健康直接相关明显症状表面观察结果基础上，缺乏对食物个别成分，尤其是微量成分对人体代谢过程深入的了解。例如，吃了很多年认为安全的槟榔，近年来有研究表明有致癌性。

2. 人体试验的局限性

任何法律和道德不允许一种食物在未获得其安全性的充分科学证据之前，作为一般食物供一般人群食用，遑论大量人群长期食用。因此“人类长期、大量食用经验”法即使具有重要的科学性，也只能在其他食品安全评价方法判断结果安全的基础上，作为进一步证明食品安全性的补充方法，不能作为新食品或食品成分安全性的直接判断方法。

第四节　食品安全判断依据

——食品安全标准

一、食品安全标准的定义和分类

食品安全标准是食品安全性判断的法律依据。

（一）食品安全标准定义

标准：为了在一定范围内获得最佳秩序，经协商一致制定并由公认机构批准，为各种活动或其结果提供规则、指南或特性，供共同使用和重复使用的一种文件[9]。

食品安全标准：为了对食品生产、供应全过程中影响食品安全性的各种要素及环节进行控制和管理，经协商一致制定并由公认机构批准，共同使用和重复使用的一种规范性文件[10]。

可见，标准是人们经过协商达成共识的一种结果，用以维护社会秩序的一种手段，属于社会管理和法律范畴。

（二）食品安全标准分类[10]

按照内容、适用范围和法律效率，食品安全标准可以分为下述类型。

1. 按标准内容划分

（1）食品危害物限量标准：规定了食品中各种危害因素的最高限量。

（2）食品生产卫生规范：对食品生产加工条件、方法等相关行为所做的规定，又称行为标准。

（3）食品危害物检验方法标准：规定了食品中各种危害物的标准检验方法，以避免不同方法产生的检验结果差异。

2. 按适用范围划分

食品安全标准按适用范围分为国际标准、国家标准、行业标准、地方标准和企业标准等。联盟标准实质是一群企业的标准。

3. 按法律效率划分

（1）强制性标准：以国家强制力保障实施，本身就是一种技术法律。

（2）推荐性标准：经相关方商定同意纳入经济合同中，就成为相关各方必须共同遵守的技术依据，也具有法律上的约束性。

二、食品安全标准的制定和实施

（一）食品安全标准的制定和实施是一个社会管理和法律过程

在人们交往过程中，为了实现群体利益最大化，需要对个人行为做出适当的规范，以实现群体利益的最大化。食品安全标准的作用就是用于规范人们的行为，标准的制定和实施是一个管理过程（非科学技术过程），目的是实现群体利益的最大化。

（二）食品安全标准的唯一性

法律界限的唯一性。制定食品安全标准的重要意义，就在于解决人们对同一食品安全风险的不同看法引起的争论，通过协商达成共识，对人们的行为划出一条明确的法律界限，大家共同遵守，以维护食品安全社会秩序。因此，一个社会不能为同一行为划出多于一条的法律界限。

食品安全标准的“底线”性。对于消费者而言，食品安全性是食品消费的底线。高于这条安全底线的食品，消费者可以接受；达不到这条安全底线的食品，消费者不能接受。

因此，一个社会对于同一种食品安全风险的法律控制，只能有一条食品安全标准。否则，食品安全标准的法律意义就会受到削弱，甚至失去法律意义。

（三）影响食品安全标准制定和实施效果的因素

食品安全标准是一种社会管理和法律过程，其制定和实施不仅受科学性（食品安全风险评估结果）影响，还受到食品供应能力、实施食品安全标准的能力、市场竞争环境、社会和政治环境等诸多因素制约。

1. 科学性（食品安全风险评估结果）

科学性是食品安全标准制定和实施的重要原则和基础。标准限值的选择都是基于科学技术原理和实验结果。标准的实施必须建立在一定科学技术水平上。

2. 食品供应能力

食品安全标准越高，要达到同样的食品供应水平，必须相应提高食品供应能力。否则，必然降低食品供应量。食品中的化学物质越少，餐桌上的食品就越少（The less chemicals in food，the less food on tables.）。例如，如果我国把大米中镉含量限制标准由 0.2 毫克/千克提高到 0.1 毫克/千克，在不能有效提高大米生产能力的情况下，市场合格大米的供应量会大幅减少。

3. 实施食品安全标准的能力

（1）科学技术水平和能力。食品安全风险的评估和判断是建立在一定的科学水平和技术能力基础之上的。科学水平不高不能对获得的技术数据做出准确的评估和判断；技术能力不足则不能获得正确、可靠的技术数据。

（2）社会管理能力。在用标准划分社会行为时，标准制定得越高，不符合标准的行为越多，纠正不符合标准行为的成本会越高。食品安全标准越高，食品安全违法行为越多，治理违法行为的能力要求和成本越高。

4. 市场竞争需要

标准的制定与实施，也是市场竞争的一项重要手段。在国内外食品市场竞争中，食品安全标准的制定和实施是经常被使用的技术工具。例如，国内食品市场，经常听到一些南方企业抱怨，一些以北方企业主导制定的食品安全标准构成对南方企业的市场阻力。在国际市场上，例如，一些国家利用更高的食品安全标准构成对我国食品出口该国的技术壁垒；又如，食品生产能力较低的欧盟国家通过提高食品安全标准，以应对食品生产能力更强的北美和南美国家的市场竞争。

5. 社会和政治环境

人民群众对社会食品安全状况的满意程度也是对政府社会治理状况的一种反映。因此消费者关注度、满意度，必然是影响政府食品安全监管力度的重要因素，也必然成为影响食品安全标准制定和实施的一个重要因素。

（四）最合适的食品安全标准才是最好的标准

食品安全是人们的一项重要利益，或是人们总体利益的一个方面。像人们追求其他利益一样，追求更多的食品安全利益必然带来管理成本的增加。在社会总投入不变的情况下，增加食品安全管理成本投入比例，必然导致社会其他管理成本投入所占比例的减小。食品安全标准的提高，虽然提高食品安全保障能力，必然也带来社会食品安全管理成本的增加。

一方面，过低的食品安全标准虽然可以节省社会管理成本，但不能有效保障人们的食品安全利益；另一方面，过高的食品安全标准虽能提高人们的食品安全利益，同时也提高了社会管理成本，降低了人们其他方面的利益保障。尤其当人们不愿意降低其他方面利益时，过高的食品安全标准会因过高的实施成本而得不到有效实施。在这种情况下，食品安全标准过高反而会降低人们的食品安全利益保障。

可见，制定和实施食品安全标准的过程，也是一个保障食品安全利益与保障其他方面利益的一个权衡和博弈过程。仅从保障人们食品安全利益看，食品安全标准定得越高越好；但从保障人们的总体利益看，只有在保障食品安全利益与其他方面利益之间寻求一个最佳的平衡点，才能保障社会总体利益的最大化。

因此，最合适的食品安全标准才是最好的标准，而非越高越好。

三、食品安全标准的法律特性

如上所述，强制性标准本身就是一种技术法律；推荐性标准经相关方商定同意纳入经济合同中，就成为相关各方必须共同遵守的技术依据，也具有法律上的约束性。因此，食品安全标准具有法律的一般特性。

（一）食品安全标准的刚性

减少自由裁量空间是法律制定的一项重要原则，食品安全标准制定须尽量满足这一原则。例如，有害物限量标准，一般都是以一个具有一定精确度的数值表示，如某危害物限量标准是 20 微克/千克食品，21 微克/千克就是超标、违法，19 微克/千克就是合乎标准、合法。而这个 21 微克/千克与 19 微克/千克含量的危害性，也许在科学上并没有明显差异。

（二）食品安全标准的稳定性

食品安全标准的制定、修订和废除都必须经过相应的法定程序。新标准在经过法定程序前不具有任何法律效率；同样，已有标准即使存在问题，也必须通过相应的法定程序才能修改或废除。在完成必需的法定程序之前，社会各方可就标准的合理性发表不同意见，但标准的法律效率不应受影响。

（三）食品安全标准的强制性

食品安全标准是法制社会法律体系的一部分。法律对人们社会行为的规范方式是一种强制性的他律（非道德的自愿自律）。因此，食品安全标准的有效实施必须建立在相应的强制性手段基础上。缺乏相应的强制性手段，标准的有效实施就失去了保障。

（四）妥协性

虽然科学的食品安全风险评估结果是建立食品安全标准的基础，然而，在风险评估结果范围内选择哪一个具体限值作为标准，还需要综合其他如经济、社会、管理成本等多种利益因素。

（五）时空性

食品安全标准的制定和实施与一定的经济、社会、政治等环境有直接关联。因此，在同一时代、不同地域，或同一地域、不同时代下，基于同一食品安全风险评估结果的食品安全标准选择会有差异。

四、食品安全标准的必要补充——食品危害性评价科学意见

（一）引入专家意见的必要性

由于食品安全标准的刚性原则，只能在违法与否之间画出一条明确界限。对于在这一界限范围内或外的一个区间，不可避免地会存在一些“自由裁量空间”。仅依据法律标准对“自由裁量空间”内的行为判定，会是很困难的。

例如，《最高人民法院、最高人民检察院关于办理危害食品安全刑事案件适用法律若干问题的解释》（2013 年 5 月 4 日起施行，简称《两高解释》）[11]对这一情况做了说明，食品中有害物“严重超出限量标准”或“超

限量、超范围滥用食品添加剂，足以造成严重食物中毒……”的，可以认定为刑事犯罪（“生产、销售不符合安全标准的食品罪”）。然而，其中的“严重超出限量”或“严重食物中毒”都不是一个明确的概念，存在较大的“自由裁量空间”，容易产生较大的主观误差。

为了减少在这些“自由裁量空间”发生主观误差的风险，需要对标准没有明确覆盖的区域，依据食品安全风险评估理论进行评价。由于食品安全风险评价所涉及的因素复杂，引入相关领域专家的专业意见作为法律判断的一项依据，是减少发生这类主观误差风险的有效办法。

（二）食品危害程度科学评价涉及的主要因素

食品中“超标”物质已经超过法律规定的人体危害界限。对于“超标”物质超过限量是否达到“严重”从而构成“严重”危害风险，涉及因素较为复杂且相互影响。

1. 标准限量值的相对高低

食品安全风险评价结果是一个弹性较大的相对值。标准制定者可以根据标准应用对象、应用环境的实际情况，在这个弹性较大的相对值范围，选择一个适合的值作为标准限值。因此，在国内外现有食品安全标准中，对于同一物质含量的最高限值常常出现较大的差异。这种差异反映的是人们对标准在不同应用对象、环境下对食品安全风险接受程度的差异，同时也反映了不同限值食品安全风险程度的高低。

因此，可以通过对同一物质、在同一标准、不同应用对象之间限值差值的比较，在不同应用范围标准之间限值的比较，获得该物质标准限值在食品安全风险评估结果弹性范围所处的位置。再根据其所处位置的高低，对其超过限值产生的风险程度做出判断。

（1）同一标准不同应用对象差异。例如，《食品安全国家标准　食品中真菌毒素限量》（GB 2761－2011），黄曲霉毒素 B1 限量标准：花生油、玉米油为 20 微克/千克，其他植物油为 10 微克/千克[12]。如果某花生油黄曲霉毒素 B1 含量超标 2 倍（60 微克/千克），其危害程度相当于其他植物油超标 5 倍。反之，其他植物油超标 3 倍（40 微克/千克），危害程度只相当于花生油超标 1 倍。

又如，《食品安全国家标准　食品中污染物限量》（GB 2762－2012）[12]，镉限量值（Cd）：稻谷、糙米、大米 0.2 毫克/千克，其他谷物及其碾磨加工品 0.1 毫克/千克。

（2）不同应用范围标准之间差异。例如，黄曲霉毒素 B1 限量标准：欧盟 2 微克/千克[13]，我国 20 微克/千克。如果某花生油黄曲霉毒素 B1 超我国标准 1 倍（40 微克/千克），其危害程度相当于欧盟标准 40 倍。

又如，大米镉限量值（Cd）：联合国（CAC）、日本 0.4 毫克/千克，俄罗斯、澳大利亚 0.1 毫克/千克[14]，中国、韩国 0.2 毫克/千克[12,14]。

2. 不同有害物危害程度差异

同样是严重超标，不同有害物对人体的危害程度会有较大差异。例如，某危害物严重超标会致癌，可能另一危害物严重超标只是导致皮肤瘙痒。

3. 有害物个体摄入量差异

有害物质对人体的危害程度是依据摄入量确定的。因此不同食品中同种有害物质、同样含量，摄入量大的食品摄入有害物质的量大，其危害程度更高。反之亦然。例如，对于每天分别进食 0.1 千克和 1.0 千克大米的两人来说，镉含量同样超标 2 倍（60 毫克/千克）的大米对两人的危害程度会有很大差异。

4. 有害物群体平均摄入量

与个体摄入量原理相同，不同食品同一种有害物超标对不同人群的危害程度也有差别。例如，黄曲霉素同样超标的花生油或菜籽油，对于广东人和四川人的危害程度会有明显差异。因为广东人花生油的摄入量会远大于四川人，而四川人的菜籽油摄入量会远高于广东人。

5. 有害物体内积累性

不同的有害物在人体内会呈现不同的积累性。有的积累性强，有的很容易分解或排出体外。显然，同样超标、甚至同样危害性的两种积累性差异较大的有害物，对人体的危害程度也存在差异。

可见，食品超标有害物对人体的危害程度受多种因素交互影响，需要足够的专业知识和能力才能具备做出合理判断的条件。

（三）专家科学意见是法律判断的一项依据

对超标有害物危害程度的法律判断是一个管理决策过程，科学评价意见是其判断的一项重要依据。但是科学依据只是一项依据，还必须依据社会、经济、政治等实际情况，综合多种因素，才能做出更合理的判断。

第五节 食品安全性科学评价结果与法律依据（标准）的关系

一、两者相互关联但又不同

（一）科学评价结果和法律依据相互关联

食品安全风险评估结果（科学依据）是制定食品安全标准（法律依据）的重要依据。食品安全标准很大程度上反映了食品安全风险评估结果，具有很强的科学性。

（二）科学评价结果和法律依据（标准）不同

（1）用途不同。食品安全风险评估结果用于科学判断；食品安全标准用于法律判断。

（2）含义不同。食品安全风险评估结果只包含科学含义；食品安全标准包含了科学、经济、社会、政治等多重含义。

（3）界限性不同。食品安全风险评估结果是一个界限范围，相对性高、弹性空间大；食品安全标准追求明确、清楚的限值，尽量减少“自由裁量”空间。

二、应避免混用两套依据

（一）避免用法律依据（标准）做科学判断

例如，某食品有害成分超标，被依法判定为安全不合格食品而受罚，并不能等同于科学上判断该食品的危害程度明显高于未超标的食品。例如，某大米镉含量0.21毫克/千克，超过食品安全限量标准，被依法判定为安全不合格大米受罚；而镉含量0.19毫克/千克的大米，依法判定为安全合格大米。不能把这种按食品安全标准的依法判断等同于科学判断，认为镉含量0.21毫克/千克的大米就是科学意义的“毒”大米，而镉含量0.19毫克/千克的大米就是科学意义的安全大米。

（二）避免用科学依据做法律判断

科学上不能给出某成分对人体有害的明确证据，不能因此质疑或推翻按食品安全标准做出的安全不合格食品依法判断。

例如，上海“染色馒头”使用了食品添加剂柠檬黄。按照食品安全标准，馒头添加柠檬黄属于超范围使用食品添加剂，依法被判定为安全不合格食品而受罚。按照科学依据，柠檬黄是安全合格的食品添加剂，没有科学证据表明馒头适量添加柠檬黄对人体有害。因此科学上不能判定该“染色馒头”是不安全的。但是，不能因为科学上不能判定该“染色馒头”是不安全的而否定按食品安全标准的依法判断。反之，也不能把“染色馒头”不符合食品安全标准当作“有毒”的科学判断。一码归一码，不要混了！

第三章

安全性易被混淆的几类常见食品

市场上一些标榜为“安全”或“更安全”食品的依据是其生产方式，常见的有“无添加”“三品一标”“非转基因”“有机”等。似乎依据这些生产方式就可以判断食品的安全性，而“添加”、非“三品一标”、“转基因”等其他方式生产的食品就不是那么安全或不安全的。

问题一，“无添加”食品更安全吗？

问题二，“无公害”“绿色”“有机”食品哪个更安全？

问题三，“非转基因”食品更安全？

常见的食品生产方式有加工过程添加或不添加化学物质方式、“三品一标”或非“三品一标”方式、转基因或非转基因方式等。

我们经常会看到和听到广告用语，称食品采用“无添加”“三品一标”“非转基因”“有机”等方式生产，以表示这种食品的安全性，或这是一种更安全的食品，同时也暗示其他方式生产的食品安全性不够，或不是安全食品。这些说法涉及的实质问题是，食品的安全性究竟是由生产方式确定呢，还是必须依据食品安全标准来评判。

虽然上一章已经从理论上阐述了，食品的安全性只能依据食品安全标准而非其生产方式来判断，还是有必要就具体方式生产食品的安全性判断进行一些深入的讨论。

第一节 “添加”或“不添加”方式生产食品的安全性

在食品加工过程中添加或不添加化学物质是一种食品生产方式。经常在广告或食品包装上看到或听到“无添加”食品，以示该食品更安全。例如，国内一家著名品牌果汁生产企业在中央电视一台“黄金时间”长期播出广告“不添加、不添加、就是不添加……”，努力给观众造成“不添加”安全、“添加”不安全的深刻映像。

“不添加”食品比有“添加”食品更安全吗？或者，可以依据食品“添加”或“不添加”生产方式判断食品的安全性吗？

一、食品添加剂及其使用

(一)“食品添加剂”与食品添加的“剂”

在回答这个问题有或无食品添加剂之前，需先弄清“食品添加剂”与食品添加的“剂”的区别。食品中添加的下述这些物质一般会被认为是食品添加剂：吊白块、苏丹红、三聚氰胺、柠檬黄、果胶、丙酸钙、瘦肉精、孔雀石绿、明胶（工业级）等。实际上，这些物质有的是食品添加剂，有的并非食品添加剂。

1. 食品添加剂

只有列入食品添加剂目录的化学物质，才能称为“食品添加剂”。在我国，只有列入国家《食品添加剂标准》(GB 2760-2014)[12]的化学物质，才是法律意义的“食品添加剂”。

2. 非（法）食品法添加剂

在食品中添加任何未列入《食品添加剂使用标准》名单的物质，或者达不到食用级别的食品添加剂类物质，都是食品非法添加剂，简称“非添”。

可见，上述物质中，柠檬黄、果胶、丙酸钙在《食品添加剂使用标准》

中有，是食品添加剂；而吊白块、苏丹红、三聚氰胺没有列入，这些物质都不是“食品添加剂”；虽然明胶被列入了《食品添加剂使用标准》，但达不到食品安全标准的工业级明胶也不是“食品添加剂”。

3. 食品中其他化学污染物

食品中除了食品添加剂、食品非法添加剂外，还会有其他外来化学物，例如，农药残留、兽药残留（孔雀石绿，鱼药）、饲料添加剂残留（瘦肉精）、土壤重金属残留等。

可见，在回答食品加工使用食品添加剂是否安全之前，需要先看看这些物质是否是“食品添加剂”。

（二）食品添加剂种类[12,15]

1. 按食品添加剂功能划分

在《食品添加剂使用标准》中，食品添加剂按功能分为抗氧化剂、着色剂、甜味剂、乳化剂、增稠剂、食用香料、防腐剂等22类。

2. 按食品添加剂成分来源划分

（1）人工合成食品添加剂。食品添加剂成分是经过人工合成的化学物质，如铵磷脂（乳化剂）、亚硫酸钠（防腐剂）等。

（2）天然产物食品添加剂。食品添加剂是天然产物化学物质，又可分为食品天然成分食品添加剂和非食品天然成分食品添加剂。

1）食品天然成分食品添加剂。添加剂本身就是食品本身天然成分，如茶多酚（抗氧化剂）、番茄红素（着色剂）、果胶（乳化/稳定/增稠剂）、天然胡萝卜素（着色剂）、抗坏血酸（维生素C，抗氧化剂）、大豆多糖（增稠剂）、木糖醇（甜味剂）、柠檬酸（酸度调节剂）等。

2）非食品天然成分食品添加剂。添加剂成分不是食品本身成分，来自于非食品生物的天然成分，如刺梧桐胶（稳定剂）、琼脂（增稠剂）等。

可见，众多食品添加剂种类中，许多都是食品天然成分。

（三）食品添加剂用途（目的）[15]

总体来说，使用食品添加剂的目的是为了提高食品品质，包括提高食品的感官、营养、安全和加工工艺等方面品质，满足消费者对食品品质越来越高的需求。

1. 提高食品感观品质（色、香、味、体）

一些食品添加剂主要用于提高食品色、香、味、体等感官品质，如食品着色剂、增稠剂、增味剂的使用，提高了食品的感官品质。

2. 提高食品营养品质

一些食品添加剂主要用于提高食品的营养品质。可以从两个方面通过“添加”提高食品营养品质，一方面，通过直接添加蛋白质、维生素等营养成分添加剂，直接增加食品的营养成分含量；另一方面，通过添加抗氧化剂、防腐剂等阻止食品劣变而减少营养成分损失。

3. 提高食品安全品质

一些食品添加剂主要用于提高食品的安全品质。例如，通过添加食品防腐剂、抗氧化剂等可以阻止食品中有害微生物生长繁殖、脂类氧化酸败等，从而提高食品的安全品质。

4. 提高食品的加工工艺品质

一些食品添加剂主要用于提高食品加工工艺品质，例如，在食品加工的过滤、澄清、脱色、提取等工艺过程中，通过“添加”单宁（助滤剂）、卡拉胶（澄清剂）、维生素 C（防褐变剂）等食品加工助剂，提高食品加工工艺品质。

可见，食品添加剂的用途是多方面的，不仅可以提高食品的感官品质、工艺品质，也可以提高食品的营养品质和安全品质。

二、“添加”或“不添加”食品的安全性判断

如前所述，食品安全性的判断依据只能是食品安全标准。

（一）按食品安全标准“添加”的食品是安全的

按食品安全标准规定，食品添加剂的使用必须同时符合下述三个方面的规定。

1. 所添加的是食品添加剂

食品加工过程使用的物质首先必须是《食品添加剂使用标准》中的物质，并且这些物质还必须达到食品安全标准要求。

2. 按规定的使用食品范围使用食品添加剂

合格的食品添加剂只能在规定范围的食品种类中使用，在超过这个规定范围的食品种类中使用属于超范围使用，无论使用量多少，均违反食品安全标准。例如，饮料是柠檬黄允许使用范围的食品，可以在饮料中使用柠檬黄；而馒头不在可使用范围，柠檬黄着色馒头属于超范围使用食品添加剂。

3. 在规定的使用限量内使用食品添加剂

在规定范围内的食品中使用食品添加剂，还不能超过规定的使用限量，否则属于超限量使用食品添加剂，违反食品安全标准。如饮料中柠檬黄的使用限量为0.1克/千克。

按上述三项规定使用食品添加剂，“添加”食品是符合食品安全标准的安全食品；不符合上述三项之一的“添加”食品不符合食品安全标准，不是安全食品。

可见，只依据使用或不使用食品添加剂生产方式，是不能判断“添加”或“不添加”食品是否安全，必须依据是否符合食品安全标准，才能判断其是否安全，即符合食品安全标准的“添加”食品是安全的，不符合食品安全标准的“添加”食品不是安全的。

（二）不符合食品安全标准的“不添加”食品不是安全的

如前所述，食品中的有毒有害物有两方面来源，一方面，是不合适的人为干预；另一方面，是天然来源，而且无任何人为“添加”的天然有害物种类和数量都更大。食品中的这些天然有毒有害物一部分是食品本身的天然成分，另一部分则来源于对天然环境中有害物的吸收、感染或污染。事实上这些未经任何“添加”的食品具有更高的食品安全风险，必须达到食品安全标准要求，其食品安全风险才能得到有效控制。

三、“不添加更安全”认识的负面影响

如上所述，天然食品因存在天然危害因素会是不安全的，而按食品安全标准添加化学物质的是安全的，因此“无添加食品更安全”是一种不正确的观念。基于这种不正确的认识，对于我国食品产业发展、食品安全问题治理

会有以下几方面的负面影响。

（一）不利于我国食品产业发展

食品添加剂具有提高食品感官品质、营养品质、安全品质和工艺品质等多方面的作用，近现代食品工业的发展、我国食品工业的发展在很大程度上建立在食品添加剂产业的发展之上。“无添加食品更安全”观念对发展食品添加剂产业和食品工业是一种思想障碍，阻碍我国食品产业的健康发展，一方面，不利于食品产业满足广大消费者日益增长的对高品质食品的需求，另一方面，在与国外高品质食品市场竞争中处于不利地位。

（二）不利于我国食品安全问题治理效率的提高

1. 不利于建立食品安全社会信任

助长市场“无添加”虚假信息传播。食品的工业化生产几乎不能做到“无添加”，所谓“无添加”更多是一种迎合持“无添加”更安全观念消费者的不真实商业宣传。声称“无添加”食品大多数都不是严格意义的“无添加”，是在一定程度上向消费者传递虚假食品安全信息。而市场上充斥这类虚假食品安全信息的社会现象，不利于建立食品安全社会信任。

2. 不利于增加消费者对监管者的信任

维护市场秩序、保障食品安全是监管者的职责。符合食品安全标准的食品添加生产方式不仅是提高食品品质的重要途径，也是保障食品安全品质的一种有效方式。依法履行食品安全监管职责需要允许企业合法使用食品添加剂，以保障市场充足的安全食品供应和食品安全问题依法治理。而对于认为“无添加更安全”的消费者看来，这种允许“添加”的监管行为却是一种“监管不到位”的表现，不利于增加消费者对监管者的信任。

（三）不利于消费者建立正确的食品安全感知和预期

1. 不利于消费者正确感知食品安全治理状况

如上所述，可依据“添加”或“不添加”判断食品安全性是一种误解。如果消费者用这种观点去认识我国食品安全问题治理状况，会因为市场上存在许多“添加”食品，而认为市场上的食品安全水平不够高，食品安全问题治理效果不够好，导致消费者对食品安全状况感知偏低，不利于提高食品安全满意率。

2. 不利于消费者建立食品安全理性预期

“不添加更安全”是对依法添加食品安全性的误解，对“不添加”安全食品的期望是一种非理性期望。消费者对“无添加更安全”的误解，一方面，不利于提高消费者食品安全满意率，另一方面，也会干扰监管者的食品安全监管行为，导致一些非理性的限制合理“添加”监管行为。

第二节 “三品一标”方式生产食品的安全性

所谓“三品一标”食品是指无公害食品、绿色食品、有机食品和农产品地理标志食品。

一、“三品一标”的定义与管理

（一）无公害农产品

1. 无公害农产品定义

《无公害农产品管理办法》[16]：“无公害农产品，是指产地环境、生产过程和产品质量符合国家有关标准和规范的要求，经认证合格获得认证证书并允许使用无公害农产品标志的未经加工或者初加工的食用农产品。”“事无公害农产品生产的单位或者个人，应当严格按规定使用农业投入品。禁止使用国家禁用、淘汰的农业投入品。”

2. 无公害农产品管理

“全国无公害农产品的管理及质量监督工作，由农业部门、国家质量监督检验检疫部门和国家认证认可监督管理委员会按照‘三定’方案赋予的职责和国务院的有关规定，分工负责，共同做好工作。”“各级农业行政主管部门和质量监督检验检疫部门应当在政策、资金、技术等方面扶持无公害农产品的发展，组织无公害农产品新技术的研究、开发和推广。”“国家适时推行强制性无公害农产品认证制度。”[16]

可见，无公害农产品是一种食品生产方式产品，对这种方式生产农产品的要求是符合国家农产品、食品质量安全相关规定，由政府农业和质量管理职能部门负责管理和推行。

（二）绿色食品定义和管理

1. 绿色食品定义

《绿色食品标志管理办法》[17]：“绿色食品，是指产自优良生态环境、按照绿色食品标准生产、实行全程质量控制并获得绿色食品标志使用权的安全、优质食用农产品及相关产品。”申请使用绿色食品标志的产品，应当“具备下列条件：（一）产品或产品原料产地环境符合绿色食品产地环境质量标准；（二）农药、肥料、饲料、兽药等投入品使用符合绿色食品投入品使用准则；（三）产品质量符合绿色食品产品质量标准；（四）包装贮运符合绿色食品包装贮运标准。”

绿色食品分为A级和AA级两类：A级绿色食品生产，在生长过程中允许限时、限量、限品种使用安全性较高的化肥、农药。AA级绿色食品的生产及加工过程中不允许使用农药、化肥、生长激素等。[18]

2. 绿色食品管理

《绿色食品标志管理办法》[17]：“中国绿色食品发展中心负责全国绿色食品标志使用申请的审查、颁证和颁证后跟踪检查工作。”“省级人民政府农业行政主管部门所属绿色食品工作机构（以下简称省级工作机构）负责本行政区域绿色食品标志使用申请的受理、初审和颁证后跟踪检查工作。”“县级以上人民政府农业行政主管部门依法对绿色食品及绿色食品标志进行监督管理。”“绿色食品产地环境、生产技术、产品质量、包装贮运等标准和规范，由农业部制定并发布。”“县级以上地方人民政府农业行政主管部门应当鼓励和扶持绿色食品生产，将其纳入本地农业和农村经济发展规划，支持绿色食品生产基地建设。”

可见，绿色食品是我国特有的一种食品生产方式，在符合质量安全标准基础上，对生产过程的化学投入品使用做了更大的限制，由政府农业管理职能部门推行。

（三）有机食品定义和管理

1. 有机食品定义

《有机产品　第1部分：生产》（GB/T 19630.1－2011）[19]：有机农业（organic agriculture）指“遵照特定的农业生产原则，在生产中不采用基因工程获得的生物及其产物，不使用化学合成的农药、化肥、生长调节剂、饲料添加剂等物质，遵循自然规律和生态学原理，协调种植业和养殖业的平衡，采用一系列可持续的农业技术以维持持续稳定的农业生产体系的一种农业生产方式。”“按照本标准生产、加工、销售的供人类消费、动物食用的产品”就是有机产品（organic product），包括有机食品。

2. 有机食品管理

《国家质量监督检验检疫总局关于修改部分规章的决定》[20]：“有机产品认证，是指认证机构依照本办法的规定，按照有机产品认证规则，对相关产品的生产、加工和销售活动符合中国有机产品国家标准进行的合格评定活动。”“国家认证认可监督管理委员会（以下简称国家认监委）负责全国有机产品认证的统一管理、监督和综合协调工作。”“国家推行统一的有机产品认证制度，实行统一的认证目录、统一的标准和认证实施规则、统一的认证标志。”

中国绿色食品发展中心负责有机农产品认证。该中心是隶属于农业农村部的正局级事业单位，与农业农村部绿色食品管理办公室合署办公。

可见，有机食品或有机农业是食品的一种生产方式，对生产过程做了区别于非“有机”生产方式的要求，主要内容是尽量减少人为化学物质对食品生产过程和环境的影响，在我国是由政府推动的一种食品生产方式。

（四）农产品地理标志定义和管理

1. 农产品地理标志定义

《农产品地理标志管理办法》[21]：“农产品地理标志，是指标示农产品来源于特定地域，产品品质和相关特征主要取决于自然生态环境和历史人文因素，并以地域名称冠名的特有农产品标志。”

2. 农产品地理标志管理

《农产品地理标志管理办法》[21]：“国家对农产品地理标志实行登记制

度。经登记的农产品地理标志受法律保护。”“农业部负责全国农产品地理标志的登记工作，……。省级人民政府农业行政主管部门负责本行政区域内农产品地理标志登记申请的受理和初审工作。”“农业部设立的农产品地理标志登记专家评审委员会，负责专家评审。”“县级以上地方人民政府农业行政主管部门应当将农产品地理标志保护和利用纳入本地区的农业和农村经济发展规划，并在政策、资金等方面予以支持。”

可见，农产品地理标志是一种农产品独特来源地证明，需满足两项条件：一定条件的生产地域，独特的品质特征与自然生态环境或历史人文因素密切相关，经过一定程序认证后可以标识。该项工作由政府农业职能部门负责推动。

二、“三品一标”与食品安全的关系

（一）“三品一标”是食品不同生产方式

1. 农产品地理标志

农产品地理标志要求“产品品质和相关特征主要取决于自然生态环境和历史人文因素”，与食品安全性无关。

2. 无公害农产品

无公害农产品生产方式要求“禁止使用国家禁用、淘汰的农业投入品”，这是食品安全标准的最基本要求。

3. 有机食品、绿色食品

有机食品、绿色食品生产方式包含了对化学物质的使用限制，但这些要求并非食品安全标准，而且也不能保证这种方式生产的食品“更安全”。

（1）符合食品安全标准才能保障有机、绿色方式生产食品安全性。有机、绿色生产方式主要强调了生产过程减少人工化学物质的使用和减少对环境的保护，这并不意味着采用这些“有机”“绿色”方式生产的食品就一定是符合食品安全标准的安全食品，必须达到食品安全标准要求，才能保证有机、绿色食品的安全性。

（2）食品中有害物含量并非越低越安全。在一定食品摄入量下，食品中某种有害化学物质对人体健康的影响有一个最低含量范围，低于这个含量范围的该物质不会危害人体健康；有的高含量下有害的物质，在低于一定含量时还会产生有益作用。如砷，高含量是“砒霜”，而摄入量不足也会得病。因此，食品中有害物质含量并非越低越好。

(3) 社会食品安全风险并非越低越好。如前所述，在一定范围内降低食品中有害物质含量有利于降低食品安全风险，同时也会增加社会其他成本。食品安全标准的制定就是在降低食品安全风险与控制社会成本之间做出的选择，以保证社会整体利益的最大化。如果要进一步提高食品安全标准，必然会导致其他社会成本的增加或利益的损失。因此，从社会整体利益看，并非食品安全风险越低越好。

(二)“三品一标”不是食品安全标准

如前所述，食品安全标准管理是法律行为，国家对食品质量安全实行强制性要求，制定了一套强制性食品安全标准。国家只有一套食品安全标准，是判断食品安全性的法律依据，而“三品一标”不是食品安全标准，不是判断食品安全性的依据。这意味着一方面，“三品一标”食品必须符合食品安全标准才算是安全食品，不符合食品安全标准的“三品一标”食品不是安全食品；另一方面，非“三品一标”食品只要符合食品安全标准也都是安全食品。

三、“‘三品一标’更安全”认识的负面影响

在社会食品安全问题治理中，食品安全性判断只有一个国家标准，符合这个标准的就是安全食品，消费者的食品安全利益就能得到充分保障。国家食品安全标准不排斥其他生产方式更高的食品安全要求，但这些更高要求的食品安全生产方式或标准并不影响国家食品安全标准的法律意义及其科学内涵。

然而，经常会听到有人给食品安全性这样排序：“有机最高、绿色其次、无公害最低”。按照这种认识，食品安全性的判断不是依据一个标准，而是依据不同档次的标准，高低不同。这种“食品安全档次标准”认识会导致消

费者认为，市场上存在不同档次安全性的食品，对社会食品安全问题治理产生下述不利影响。

1. 不利于提高消费者对政府食品安全监管能力的信任度

安全是消费者消费食品的最低要求。食品安全监管者按照食品安全标准依法履行职责，保障市场上的食品达到消费者的这一最低要求。然而，即使监管者已经彻底履行了监管职责、完全保证了市场上的食品符合食品安全标准，按“档次安全”认识，市场上还是存在安全性高低不同的食品。如果消费者接受“高档次安全”食品才是安全的，就会认为低于这个档次的食品不是安全的。由于市场上存在许多“低档次”安全性食品，意味着市场的食品安全性低，食品安全问题治理效率不高，也就意味着监管者没履行好职责，不利于提高消费者对政府食品安全监管能力和监管责任心的信任度。

2. 不利于消费者正确感知食品安全治理状况

持“档次安全”认识的消费者会把市场上达不到“高档次安全”要求的食品当成非安全食品，认为市场上存在过多的非安全食品，从而对食品安全问题治理状况感知偏低，不利于消费者食品安全满意率提高。

3. 不利于消费者建立理性食品安全预期

“三品一标”概念的实质内容是“食品中化学物质越少越安全”，如上所述，这并非一种理性认识，会导致消费者对安全食品形成非理性预期。而通过理性的食品安全问题治理途径很难达到这种非理性预期，导致很难提高消费者的食品安全满意率。

（1）不利于提升我国食品、农产品生产竞争力。合理使用化学物质是提高食品、农产品生产竞争力的有效途径，“食品中化学物质越少越安全”的认识会对食品生产过程中合理使用化学物质构成阻碍，不利于食品生产数量和质量的提升，不能满足人民群众对更多、更好食品的需求；另外，在面对合理、有效使用化学物质提高食品市场竞争力的全球食品市场竞争中，我国食品、农产品产业会因自缚手脚而处于不利地位。

（2）不利于合理使用化学物质降低食品安全及相关风险。在食品、农产品生产过程中，只有不合理或错误使用化学物质，才会导致食品安全、生态环境等风险上升；而正确、合理地使用化学物质，是降低食品安全及相关风险的有效手段。“食品中化学物质越少越安全”的认识是把错误使用化学物质的错，当作使用化学物质的错，完全忽视了正确、合理使用化学物质对降低食品安全、生态和环境污染风险的好处，不利于提高对这些风险的控制效率。

第三节　转基因方式生产食品的安全性

转基因食品是转基因生产方式生产的食品。社会上关于转基因和转基因食品有很多讨论和争论。这里仅就转基因食品安全性的判断依据做一点分析。如前所述，食品的安全性判断是食品安全标准，食品的生产方式是不能作为判断食品安全性的依据的。

一、基因和转基因简介[22]

对转基因食品安全性的有效讨论，首先需要建立在对“基因”“转基因”概念的清楚和一致的认识上。

（一）基因

1. 基因概念

基因（gene）是4种化学物质——脱氧核糖核苷酸（T，C，G，A）所构成，所有生物的DNA都是由这4种脱氧核糖核苷酸构成。

基因是一种遗传信息。基因⇒蛋白质种类⇒生物性状，所有生物共用一套遗传信息密码。基因存在于所有生物细胞核的染色体上。

2. 基因的特征

遗传和变异是基因的基本特征，物种遗传和变异过程的本质是基因转移：从上一代转移到下一代，从一个生物转移到另一个生物，从一个物种转移到另一个物种。可见，基因转移或转基因，是基因本身的特征。

（二）转基因

“转基因”概念可以有多种理解，包括一般字面意义理解和专业术语两类。

1. 一般意义“转基因”概念

一般意义的“转基因”概念可理解为“基因的转移”，即基因从一个生物转移到另一生物。

（1）天然“转基因”。

生物的基因转移是在天然状态下发生的，没有人为因素干预，这是在人类农业活动出现之前的事。

（2）人为干预基因转移。

生物基因的转移受到了人为因素的干预，包括无意和有意的人为干预。这是人类农业活动出现后的情况，已有上万年历史。农作物品种选育是人为有意干预生物基因转移一种形式，有下述几种类型。

①在自然环境中直接选育。在自然环境下，从自然变异的物种中选出符合人类需要的品种（已有上万年历史）。例如，人们在干旱发生时，发现个别生长发育很好的作物植株，然后采收其种子保留下来，下年把这些种子播种到更大面积的干旱土壤上。这一过程实际是人为扩大了这种作物抗旱基因的遗传（基因转移）效率。

②在人为干预环境中选育。通过人为改变生物生长发育环境导致生物性状发生变异，从中选出符合人类需要的品种（上千年历史）。例如，在不干旱的自然环境中，人为形成一块干旱的土壤，在上面种植作物，从中选取抗旱性强的植株扩大繁育，于是获得抗旱品种作物。

③杂交育种[23]。直接干预物种间基因的转移使之发生变异并从中选出符合人类需要的品种。这是从几百年前开始并一直延续至今的一种作物品种培育技术。

（3）人为改变基因结构。

利用物理或化学的手段直接改变物种的基因结构，并从中选出符合人类需要的品种。例如，诱变育种[23]（上百年历史）：利用辐射、化学诱变剂处理物种基因使之发生“突变”，然后从中选出符合人类需要的品种。又如，“太空育种”，就是把作物种子带到太空中，在太空环境（射线、失重等）作用下，引发作物种子基因结构发生改变，回到陆地环境下从中筛选出符合我们需要的基因结构作物（品种）。

2. 专业术语“转基因”

专业术语“转基因”也称“基因工程”，指利用分子生物学手段，针对性地改变物种基因结构。“转基因”技术育种或分子生物学技术育种，指通过基因工程技术改变物种基因结构，从中选出符合人类需要的生物品种（数十年历史）。

可见，关于“转基因”概念的理解会有多种。在我们开始讨论或争论转基因问题之前，应该先弄清我们所提的“转基因”是哪个概念；或者在讨论或争论转基因问题过程中，要弄清别人的“转基因”概念所指是哪一种。

（三）不同“转基因育种”的主要异同

按照上述对不同“转基因”概念的理解，不同“转基因育种”也会有一些相同和不同之处。

1. 不同“转基因育种”的相同之处

（1）不同“转基因育种”生物都发生了基因的转移。

（2）不同“转基因育种”方式都会产生符合或不符合人类需求的生物品种。

（3）符合人类需求的生物品种都是从发生基因变异的物种中，通过符合人类需求的方式和标准筛选出来的。

2. 主要不同

随着时代和科学技术的发展，不同转基因育种方式也随之发生明显的不同或进步，主要表现在下述方面：

（1）人为干预基因变异程度明显增加。

（2）按人类需求改变基因结构的目的性更明确，准确性和效率明显提高。

（3）从基因变异物种中筛选符合人类需求品种的准确性和效率明显提高。

二、转基因与非转基因食品

来源于转基因生物的食品称转基因食品，来源于非转基因生物的食品称非转基因食品。

（一）转基因食品

如果按照一般意义理解转基因（基因发生转移）概念，所有生物都是转基因生物，所有生物来源食品就都是转基因食品。

按照专业术语“转基因”概念，只有来源于基因工程技术生物的食品，才是转基因食品。

（二）非转基因食品

按照专业术语概念，来源于非基因工程技术生物的食品都是非转基因食品，包括原生态（天然转基因生物）食品、农业活动（人为干预转基因生物）食品、杂交育种（人工杂交生物）食品、诱变育种（人工改变基因结构生物）食品等。所谓“有机”“绿色”食品也都是这些非转基因食品。

（三）转基因与非转基因食品安全性的异同之处

转基因与非转基因食品的异同之处与其来源生物异同之处相同。

1. 转基因与非转基因食品安全性相同之处

（1）转基因和非转基因食品都来源于基因发生转移的生物。

（2）转基因或非基因生物都会产生安全和不安全食品。

（3）安全食品都是按照符合人类需求的方式和食品安全标准筛选出来的，都是从基因变异生物中按人类需求（安全）筛选的结果。

2. 转基因与非转基因食品安全性不同之处[18]

（1）转基因技术育种获得安全生物的准确性和效率更高。

（2）转基因生物食品安全筛选技术更先进，筛选转基因安全食品更准确、效率更高；转基因食品安全筛选标准和程序更严格、更完善。

可见，转基因或非转基因是不同的两类食品生产方式。如前所述，食品安全性不能以其生产方式作为依据，而是要以食品安全风险评估结果为依据，按照食品安全标准来判断。

因此，回答转基因或非转基因食品是否安全这个问题是没有意义的。因为转基因或非转基因是不同的食品生产方式，所生产的食品是否安全是由安全食品筛选方法和标准确定，不是由食品的生产方式来判定。

三、关于转基因食品标识

（一）不同国家对转基因食品标识有不同规定[22,24]

1. 自愿标识

例如，美国、加拿大、澳大利亚、巴西等国家，规定转基因食品可以自愿标识。

2. 强制定量标识

转基因成分含量超过一定值的食品才需要标识，低于此含量的食品不用标识为转基因食品（如欧盟、日本、韩国等），例如，欧盟规定转基因成分（DNA 或蛋白质）含量超过 0.9% 的食品才应标识。

3. 强制定性标识

规定食品及其原料来源于转基因生物的食品都必须标识为转基因食品（如我国）。[24]

（二）“转基因”标识与否与食品安全性无关

保障食品安全是政府的重要使命，任何国家都对进入市场的食品实行严格的食品安全监管，只有符合安全标准的食品才被允许进入市场。尤其是发达国家对食品安全的监管不仅更严格，而且更有效。因此，无论转基因或非转基因食品，无论标识或不标识转基因食品，都必须符合食品安全标准才被允许进入市场。或者说，在食品安全管理严格而有效的国家，进入市场的任何食品都应是符合食品安全标准的。

事实上，不同国家对转基因食品标识规定的差别是基于文化的差异，或基于经济、政治策略的不同，并非基于食品的安全性。

综上所述，转基因与非转基因是食品及其原料生产的不同方式，都有生产出安全和不安全食品的可能性，生产方式本身是不能作为食品安全性的判断标准的。不同生产方式生产的食品都需要通过食品安全风险评估，才能评判其食品安全性。

事实上，转基因安全食品问世以来，全球几十亿人已经食用了几十年，目前尚未有一例经各国政府或联合国官方组织认定的转基因食品健康危害案例报道；另外，绿色、有机食品导致的食品安全案例（如野生蘑菇、发芽马铃薯、未煮熟四季豆等）却屡见不鲜。

可见，无论何种方式生产的食品（转基因或非转基因），只要经过严格、有效的食品安全风险评估，符合食品安全标准，就是安全食品；反之，无论什么方式生产的食品（有机、绿色），如果不符合食品安全标准，就不是安全食品。

四、“非转基因更安全”认识的负面影响

（一）不利于建立社会信任

为了迎合消费者“非转基因更安全”的认识，许多食品商家都在包装、广告及促销活动中突出彰示“非转基因”，形成到处都是“非转基因”食品市场氛围。由于我国转基因食品“强制定性标识”的规定，许多按规定属于转基因的食品很难或无法获得其转基因证据，导致市场上出现不少假“非转基因”。在“转基因不安全”认识下，这种假“非转基因”到处有的现象，不利于社会信任的建立。

（二）不利于提高我国农业和食品生产竞争力

基因工程育种技术是在杂交育种、诱变育种等基础上发展起来的现代分子生物学育种技术，是人类科学技术进步的一项重大成果，是提供农业和食品生产力的有效工具。尤其在我国地少人多、土地贫瘠、环境污染严重的农业生产环境下，现代基因工程技术的运用对于农业生产力的提升有着更加重要的积极作用。而“转基因不安全”认识会严重阻碍我国基因工程技术的研发和应用，不利于我国农业和食品生产竞争力的提高。

（三）有损政府监管者权威性

像对待其他科技进步成果一样，世界各国政府都在努力抢占基因工程技术领域前沿阵地，目前仍然是欧美发达国家处于领先地位，我国在基因工程

技术应用领域已大大落后于欧美发达国家。为了缩小在这一领域的落后差距，提升我国农业和食品生产竞争力，我国政府也在努力加大发展基因工程技术的研发和应用。

然而，在“转基因食品不安全”或“转基因食品安全性未定”认识诱导下，对发展转基因食品生产，或者不禁止转基因食品产生的措施，消费者会认为是政府食品安全监管工作不到位、不作为的表现，不利于政府为民服务权威形象的建立。

（四）不利于提高消费者的食品安全满意率

如果持“转基因食品不安全”认识，消费者会把市场上符合食品安全标准的安全转基因食品当作不安全或安全有问题食品，对食品安全问题治理局面的感知低于客观状况，不能令消费者满意；如果认为“非转基因食品安全或更安全”，不利于消费者建立食品安全理性预期，通过食品安全途径努力达不到这种预期，令消费者不满意。

综上所述，我国社会在食品安全基本概念上存在着较大程度的模糊认识。这些模糊认识严重影响我国社会食品安全信息的有效交流，形成对我国食品安全问题的不同认识和观点分歧，成为我国社会食品安全问题治理的一个重大障碍。

消费者食品安全基本概念的模糊认识，会导致对我国社会食品安全问题夸大认识，影响对社会食品安全整体局面的合理评价，不利于消费者食品安全问题满意率的提升，也影响政府食品安全监管权威性的建立。另外，消费者对食品安全权基本概念的模糊认识以及监管者的权威性不高，成为一些虚假食品安全信息传播的助长因素，会进一步影响消费者对社会食品安全局面的评价、满意度和对政府食品安全监管的权威性。而政府权威性是食品安全监管措施有效实施的基础，又会反过来影响食品安全问题的实际治理效率。

在我国政府监管部门和学术领域，也存在不同程度的食品安全基本概念模糊认识，这会直接影响政府食品安全治理措施的合理性和有效性。例如，北方某省制定的《食品安全管理条例》中明确列出“禁止转基因食品”规定，南方某省食品安全监管部门规定“餐饮业不能使用食品添加剂”；又如，我国许多地方都在把积极推进“三品一标”工作当作政府加强食品安全监管的一项重要措施。这些建立在食品安全基本概念模糊认识基础上的监管措施，不仅直接影响食品安全问题治理的合理性和治理效率，也加大了社会对食品安全基本概念认识的模糊性，成为“非添加”“非转基因”更安全认识的助推器。

可见，食品安全基本概念方面的认识模糊，是我国食品安全问题有效治理所面临的一个重要问题。

第二篇 我国食品安全问题治理的特殊性

食品安全问题在任何国家、任何社会环境条件下都会发生，即食品安全问题具有其一般性的一面。另外，食品安全问题发生的类型、性质和原因与所在社会环境有密切关系，不同社会环境条件下所发生的食品安全问题会有所不同，即食品安全问题也会有其特殊性的一面。

今天中国正处在国内外前所未有的社会变革中，改革开放是今天中国社会环境的最大特点。在这样一种极具特殊性的社会背景下，我国的食品安全问题及其治理，除了一般性外，必然具有其特殊性的一面。

第四章
社会食品安全问题细分

食品安全问题是一个由多种类型因素复合的复杂问题。要分析我国食品安全问题的特殊性，首先需要对食品安全问题进行细分，然后再分析不同类型问题特点，根据不同类型问题特点，才能区分一般性和特殊性食品安全问题。

问题一，从整体上看，我国食品安全局面好还是不好？

问题二，我国食品安全问题治理哪些方面好？哪些方面不够好？

问题三，你认为我国发生的食品安全问题是故意的多、还是非故意的多？

第一节　为什么要细分食品安全问题

一、不细分很难看清我国食品安全问题治理整体局面

长期以来，我们一直只把社会食品安全问题笼统当成一个整体看待，虽然也意识到我国社会食品安全问题的复杂性，但并未对其进行细致、深入的分类分析，并据此对我国食品安全局面做出大体三种不同的认识。

（一）我国食品安全状况很好

我国食品安全状况越来越好，今天甚至是“历史最好”，食品安全总体合格率30年间已从71.3%上升到96.8%[25]。虽然消费者满意度仍然不高，这主要源于部分消费者食品安全素质不高和媒体误导，与食品安全状况很好无关。

这种“很好”观点在学界（精英层）有相当影响。

（二）我国食品安全状况很差

我国食品安全问题虽经多年努力，农药、重金属残留超标，假冒伪劣食品、添加剂滥用等新闻仍然经常见诸媒体；广大人民群众关心的问题长期没能得到解决，消费者食品安全满意率长期不高。

这种“很差”观点在普通消费者中有相当的流行度。

一方面，“很差”观点不能否定“96%”合格率数据的真实性；另一方面，“很好”观点也不能说社会上存在的问题都是空穴来风。

（三）取得很大进步，形势仍不容乐观

中国工程院重大咨询研究项目成果《中国食品安全现状、问题及对策战略研究》（2016年1月27日发布）表明，我国食品安全问题治理“取得很大进步”“形势仍处于严峻状态”。

（1）取得很大进步。我国食品安全局面很好（食品质量安全合格率：蔬菜、水果、畜禽、水产品分别在96%、95%、99%和94%以上）[26]。

（2）形势仍处于严峻状态。消费者高度关注食品安全，但满意度仅为13%，不满意率近50%[26]。

然而，这些判断结果是仅以笼统的眼光、只从整体上看待我国食品安全问题得出来的，是很难看清我国食品安全问题复杂性的特征和本质的。

二、不细分很难找到我国社会食品安全问题的主要原因

社会食品安全问题是一个复杂的综合性复合问题，包括食品安全科技、

社会、法律、经济、政治等问题，引起这些问题的原因各有不同。因此，首先需要对这个复杂的复合问题进行分解，细分成不同类型的简单问题，然后分析不同类型问题对整体食品安全问题的影响，才能“对症下药”，采取针对性强的治理对策。

长期以来，对我国食品安全问题的细分并未得到足够重视和深入分析，一般都是以一种笼统的概念从整体上看待食品安全问题，因此很难看清我国食品安全问题的主要原因并形成共识。因此对这些不同类型食品安全问题的治理对策也很难形成共识，经常会出现“头痛医头脚痛医脚”的现象。这可能是我国食品安全问题“久治不愈”的一个重要原因。

第二节 社会食品安全问题细分

企业向市场提供非安全食品是导致社会食品安全问题的主要和直接原因，因此企业食品安全行为分类是社会食品安全问题分类的基础。

一、依企业食品安全行为动机分类

企业食品安全行为是由其动机决定的。企业行为以经济利益为目的，向市场提供非安全食品行为的动机可以分为以下几类。

（一）非故意性食品安全问题——企业非故意性行为导致的食品安全问题

案例一，美国染菌菠菜事件（2006年）[27]

2006年9月11日，美国疾病控制与预防中心（CDC）接到紧急消息：威斯康星州暴发由O157：H7大肠杆菌感染引发的食源性疾病；13日，威斯康星州的公共健康官员根据流行病学分析，初步确定疾病暴发的根源是袋装菠菜；14日，美国食品和药物管理局（FDA）发布了菠菜禁食令，呼吁民众暂时不要吃袋装菠菜；15日又将禁食范围扩大到全部新鲜菠菜。

部分患者还保留着标有“自然选择”公司名称和标签号的袋装菠菜。FDA调查表明，其中，道儿（Dole）公司提供的袋装嫩菠菜是引发此次疾病的罪魁祸首。9 月 15 日，“自然选择”食品公司主动召回其全部产品。“自然选择”食品公司的数据显示，受污染的袋装嫩菠菜来源于 4 家农场。FDA 调查人员在农场的河水、家畜粪便及野猪粪便的样本里，发现了导致疾病的 O157：H7 大肠杆菌，但是仍不能确定菠菜受污染途径。美国加州卫生官员称可能是野猪把大肠杆菌带到了菠菜地里。

案例二，荷兰氟虫腈鸡蛋事件[28]

氟虫腈（fipronil）是一种广谱杀虫剂，中等毒性，既可作农药也可作为宠物除虫剂。欧盟禁止对食用家养动物直接使用氟虫腈。

2017 年 7 月 22 日，荷兰食品药品管理局（NVWA）在官网上宣布，正在对荷兰国内养禽业违规使用杀虫剂氟虫腈的状况进行调查，并已要求 7 家养禽企业停产。8 月 3 日，德国最大的连锁超市 Aldi 宣布将德国境内 4000 家店铺的鸡蛋全部下架，其他主要零售企业也采取相同措施。8 月 4 日，荷兰、德国、比利时先后曝出有部分鸡蛋中含有杀虫剂氟虫腈成分过量，引发了“毒鸡蛋”风波。8 月 7 日，欧盟又向英国、法国、瑞士、瑞典发布预警，“毒鸡蛋”问题至此演变为波及七国的食品安全危机。

荷兰检察部门的调查指向了一家名为“鸡之友”的企业。在 2016 年，“鸡之友”曾向农户贩卖一种名为 DEGA - 16 的清洁剂，其中含有欧盟明令禁止对家禽使用的氟虫腈，而“鸡之友”的 DEGA - 16 又是从一家比利时家禽抗病用品商 Poultry - Vision 处购买的。

上述案例及类似食品安全问题的发生，并非出自食品生产经营者的主观故意，甚至生产经营者在主观上努力避免，然而食品安全问题仍然发生了。这类非故意性食品安全问题行为可能是违反现行法律的，也可能没有违反现行法律。

（二）故意性食品安全问题——企业故意行为导致的食品安全问题

按照违法与否和发生频率又可划分为下述三类。

1. 故意但不违法食品安全问题

企业故意、但不违反现行法律行为导致的食品安全问题。

例如，“苏丹红”事件[29]、“三聚氰胺”奶粉事件、“瘦肉精”问题等[30]，这类食品安全问题发生出于生产经营者的主观故意，但最初出现时并不违反当时的法律规定。

这类故意但不违法性食品安全问题，一般只在社会已经意识到其食品危害、尚处在试图立法到新法律建立和实施前的这段法律真空期。一旦新的针对性法律建立和实施，这种故意但不违法性食品安全问题就会立即消失：一部分故意行为因违法成本而停止，另一部分继续就变成故意违法行为了。一般这段法律真空期不长，因此这种故意但不违法性食品安全问题发生的频率也很低。

2. 偶发故意性违法食品安全问题

在完善的法治体系下，也会发生食品安全故意违法行为，包括下述两种情况。

（1）明知故犯：为谋利铤而走险，故意违法。由于违法成本高，足以有效控制这类违法行为。

（2）不知而犯：不知违法，为利而为之。由于法律的严密，不知法者行为一旦违法，就会招致有效的惩罚，不知即变为知。

可见，在完善的法治体系下，故意的食品安全违法行为只能是偶发。

3. 长期、普遍的故意违法食品安全问题

例如，“毒”生姜事件[3]。2013 年 5 月 9 日，山东某地农户使用剧毒农药“神农丹”种植生姜，被央视焦点访谈曝光。记者采访本准备正面采访报道，但在田间发现了农药包装袋：正面印有“严禁用于蔬菜、瓜果”的大字，背面有骷髅标志和红色“剧毒”字样。在 3 天的时间里，记者暗访了周围 10 多个村庄，发现是一个普遍和公开的现象。当地农民根本不吃使用神农丹种出的姜。当地农民生产姜有两个标准：一个是出口日本标准，严格按日本标准；另一个是内销姜，想怎么用就怎么用。当地农民告诉记者，只要找几斤不施农药的姜送去检验，就能拿到农药残留合格的检测报告出来。又如，“毒”豇豆、“毒”腐竹以及“地沟油”等。

这类食品安全问题的共同特点：明知法律禁止，仍为利故意为之；且相同或类似的问题在社会普遍发生和长期存在。

可见，按食品安全问题发生的动机，可把食品安全问题分为四类：A 类为非故意性食品安全问题；B 类为故意但不违法食品安全问题；C 类为偶发故意食品安全问题；D 类为长期、普遍的故意违法食品安全问题。

二、各类食品安全问题发生的主要原因和范围

（一）非故意性食品安全问题（A类）

发生原因：非故意性食品安全问题属于意外事故。显然，其原因不在主观上，而是在食品安全风险控制能力上，包括食品安全风险控制科学技术和管理两个大的方面的能力相对不足。

发生范围：食品安全没有零风险，食品安全意外事件在古今中外都会发生。

（二）故意但不违法食品安全问题（B类）

发生原因：这类食品安全问题虽然存在一定食品安全风险，但不违反现行法律。食品生产经营者故意为之，除经营理念或道德原因外，更主要原因是法规的疏漏。

发生范围：由于法规建立和实施的滞后性，法治社会很难避免这类食品安全问题发生。

（三）偶发故意违法食品安全问题（C类）

发生原因：法律的建立和实施是需要付出相应成本的，有效的法律是把违法行为控制在可以接受的范围，并非完全杜绝这类违法行为。

发生范围：法律是给违法者准备的，完全不会被违反的法律是没有存在意义的。因此食品安全偶发故意违法行为，古今中外都有。

（四）长期、普遍的故意违法食品安全问题（D类）

发生原因：在社会由非法治向法治社会转变的过渡时期，部分法律法规已经建立起来，但整个法治体系尚未完善，社会依法治理尚缺乏足够的效率。在这种社会状况下，一些非食品安全行为违反已有法律，构成违法行为；但尚未完善的法治体系并不能有效控制这类违法行为，致使这类食品安全违法行为得以更广泛和长期的存在。

发生范围：长期、普遍、故意的食品安全违法行为只发生在由非法治向法治社会变革之中的社会时期。在法律制度相对健全和稳定的社会，或者在非法治社会，都不会发生这种长期、普遍、故意的食品安全违法行为。

综上所述，按企业故意性和违法与否，可把社会食品安全问题分为四类，具体如表4－1所示。

表4－1　社会食品安全问题的分类及其主要发生原因

分类	故意性	发生范围	主要原因
A类	非故意	所有社会环境，包括古今中外	科技发展限制和管理疏漏；法律体系建立的滞后性、实施成本和疏漏
B类	偶发故意不违法		
C类	偶发故意违法		
D类	长期、普遍的故意违法	由非法治向法治变革中的社会环境	变革中尚未完善的法治和社会治理体系

三、一般性食品安全问题与特殊性食品安全问题

按照表4－1中四类食品安全问题发生的普遍性和特殊性，又可将其按发生原因和范围的不同进行划分，分为一般性和特殊性两大类。

（一）一般性食品安全问题

食品安全没有零风险，食品安全问题没有零发生，这是食品安全问题发生的一般规律。表4－1中食品安全问题“A类”［非故意（意外）］、“B类”（偶发故意不违法）、“C类”（偶发故意违法）的发生原因、发生范围都相同，符合食品安全问题发生的一般规律，可以称之为“一般性食品安全问题”。

（二）特殊性食品安全问题

表4－1中食品安全问题“D类”（长期、普遍的故意违法），发生原因和范围与“A类”“B类”“C类”都不同，且不符合食品安全问题发生的一般规律，只在特殊社会环境下才会发生，因此可称之为特殊性食品安全问题。

综上所述，社会食品安全问题可以分为两类，一类，为一般性食品安全问题，包括非故意、故意但不违法和偶发故意违法食品安全问题，其发生原因和范围符合食品安全问题发生的一般规律；另一类为特殊性食品安全问题，即长期、普遍的故意违法食品安全问题，其发生原因和范围都与一般性食品安全问题不同，有其特殊性。

因此，在开展社会食品安全问题治理过程中，需要对食品安全问题进行区分，对不同发生原因和范围的食品安全问题，采取不同的治理措施才能取得有效的治理效果。

如果笼统地把不同食品安全问题都当作同一类问题治理，例如，把一般性食品安全问题当作特殊性食品安全问题治理，或者把特殊性食品安全问题当作一般性食品安全问题治理，由于发生原因和范围都不同，同样的治理措施当然不能取得同样有效的治理效果。

第五章 我国食品安全问题的特殊性

食品安全问题具有两面性：一般性和特殊性。今天我国社会处在全面改革开放过程中，这是我国与国外、我国的今天与昨天不同的一个最大特点。在这样一个具有明显特殊性的社会环境中，与国外和我国的昨天相比，今天我国社会的食品安全问题应该也具有其特殊性的一面。

问题一，我国小/微食品单位食品安全问题与规模化企业是一样的吗？与国外小/微食品单位是一样的吗？

问题二，我国食品安全总体局面与消费者食品安全满意率的关系是怎样的？

第一节　我国食品安全问题应该具有特殊性

一、对我国食品安全问题一般性的认识

食品安全问题是一个古今中外普遍存在的问题。这些食品安全问题有相同的发生原因，遵循共同的规律，并且有共同的治理路径。这类食品安全问题称之为一般性食品安全问题。

一般性食品安全问题在任何社会环境下都存在。因此，我国一般性食品安全问题治理需要学习、借鉴国外行之有效的经验和方法。或者说，只要认

真学习、借鉴了国外行之有效的先进治理理论和方法，我国的一般性食品安全问题治理也必然取得行之有效的结果。

二、我国食品安全问题治理主要表现

基于对食品安全问题一般性的认识，这些年来，我国食品安全问题治理基本上是主要采取了一系列一般性食品安全问题治理措施，主要表现在下述两方面。

（一）努力学习、借鉴国外有效经验

1. 努力学习、引进和发展食品安全科学技术

我国引进和研发了大量先进的食品安全检测、监测方法和仪器设备；各级政府掀起了食品可追溯技术及各种速测技术的研发、应用热潮；各研发机构大力开展各项食品安全风险控制科学技术研究，在全国各地涌现出一批又一批国内外领先的食品安全科学技术成果。

2. 努力学习、引进国际先进管理方法

政府部门：我国政府食品安全监管职能部门的英文名称缩写也改为FDA，与美国政府相同；努力学习欧美国家的治理经验和模式，各级政府食品安全监管职能部门还经常采用“走出去”的方法到发达国家接受培训、参观学习食品安全监管先进经验和方法。

企业：努力学习和引进国际先进管理体系，例如，HACCP、ISO22000、食品安全溯源体系、SSOP、GAP等，我国在国际上都是引入最早和推行最广的国家之一。

（二）我国食品安全问题治理投入巨大

1. 国家高度重视食品安全问题

长期以来，党和国家对我国食品安全问题治理都基于高度的重视，而且重视程度越来越高。

（1）中央一号文件[31-34]。

自2012年以来，每年的中央一号文件都列入了加强食品、农产品安全风

险控制内容。

2012 年一号文件的“狠抓‘菜篮子’产品供给”，“提升‘菜篮子’产品整体供给保障能力和质量安全水平”。

2013 年一号文件的“提升食品安全水平”，“健全基层食品安全工作体系，加大监管机构建设投入，全面提升监管能力和水平”。

2014 年一号文件的“强化农产品质量和食品安全监管”，“完善农产品质量和食品安全工作考核评价制度，开展示范市、县创建试点”。

2015 年一号文件的“提升农产品质量和食品安全水平”和“严惩各类食品安全违法犯罪行为，提高群众安全感和满意度”。

2016 年一号文件的“实施食品安全战略”，“强化食品安全责任制，把保障农产品质量和食品安全作为衡量党政领导班子政绩的重要考核指标”。

2017 年一号文件的“全面提升农产品质量和食品安全水平”。

（2）《“健康中国 2030”规划纲要》[35]。

2016 年 10 月中共中央、国务院印发了《“健康中国 2030”规划纲要》，其中第十五章第一节“加强食品安全监管”提到“健全从源头到消费全过程的监管格局，严守从农田到餐桌的每一道防线，让人民群众吃得安全、吃得放心。”

（3）中共十九大报告[36]。

2017 年 10 月，习近平代表第十八届中央委员会向中共十九大作的报告中，提出“实施食品安全战略，让人民吃得放心”。

可见，食品安全问题治理受到党和国家高层的高度重视，也成为各级地方党政领导的最重要工作任务之一。

2. 食品安全问题治理政府资源投入巨大

（1）政府食品安全监管体系庞大。①各级食品安全委员会。从国务院到基层县区，各级政府都设立了食品安全委员会，由 20 个左右不同职能部门组成。②各级食品安全监管职能部门。2013 年后，我国食品安全直接监管职能部门包括农业、食品药品监督管理、进出口食品检验检疫三个职能部门。其中进出口食品检验检疫实行垂直管理，在各省、各地区设分支或派出机构，农业和食品药品监督管理实行属地管理，从国家、省区市到各地（市）、县（区）各级政府都设置有相应职能部门，还在乡镇（街道）设置有派出机构。

（2）政府食品安全监管人力物力投入巨大。①监管人员数量庞大。以我国甘肃省为例，2015 年食品安全监管在编人员数 10465 人[37]。需指出的是，首先，农产品质量安全监管、进出口检验检疫部门在编人数未计入；其次，各级政府职能部门未在编人数（如政府聘员等）未计入，尤其基层政府职能部门未在编人数数量不小。另外，近几年我国还推行了由政府财政给予补贴村（居）食品安全协管员制，要求每个村（居）都要配备食品安全协管员。以广东省 2016 年以前统计数据为例[38]，珠三角地区 9127 个村（居）配备食品安全协管员 12857 名，珠三角以外地区 16036 个村（居）配备食品安全协管员 14487 名，共 27344 名食品安全协管员。②食品安全检验检测机构。以我国甘肃省为例，2015 年食品安全检验检测机构数：市州级 25 个，县区级 74 个，合计 99 个[32]。这一统计数据尚未包括省级食品安全检验检测机构，以及农产品质量安全、进出口食品检验检疫等部门的检验检测机构数。

值得参考的数据是，美国 FDA 全体雇员 2016 年总数 11516 人[39]，监管职责还包括进出口食品安全监管，雇员总数包括行政监管、检验检疫、研究人员等。

三、我国食品安全问题应该具有特殊性

（一）对食品安全问题特殊性的理论认识

食品安全问题是一个复杂的综合性社会问题。不同的经济发展、科技水平、法律制度、文化特点等社会环境，对食品安全问题的发生和变化规律必然产生不同的影响。

发生在不同历史时期、不同国家或地区的食品安全问题，除了遵循共同的发生和变化规律外，应该带有其不同社会环境导致的不同个性，存在不同的特性。

（二）我国食品安全问题治理效果长期“不容乐观”

如果我国食品安全问题只是一般性食品安全问题，在学习、借鉴国外一般性食品安全问题有效治理方法基础上再加大治理力度，经过这么多年的努

力，我国社会食品安全问题治理理应取得令人满意的效果。然而，多年来，我国社会食品安全问题治理效果长期处于“不容乐观”的状态，与人民群众的食品安全需求还有明显的差距，主要表现在两个方面：一是消费者食品安全满意度长期不高；二是社会食品安全问题发生频率仍然偏高、发生范围仍然偏广。

因此，我国社会食品安全问题除了与国外一般性食品安全问题具有共同性质外，还存在特殊性。

第二节 我国特殊性食品安全问题分析

一、国内外食品安全案例分析

（一）国外食品安全案例分析

1. 典型案例

（1）“掷出窗外”[40]。

案例：1906 年美国作家厄普顿·辛克莱（Upton Sinclair）根据其在芝加哥一家肉食加工厂的生活体验写成了纪实小说《屠宰场》（*The Jungle*）。引起社会对当时食品安全状况的不满，促成美国《纯净食品与药品法》的颁布，推动美国食品安全监管司法制度改革。

类别：立法前，故意但不违法（B 类）；立法后，偶发违法（C 类）。

（2）比利时二噁英事件[41]。

案例：1999 年 2 月，比利时一些养鸡农民向政府反映一些异常现象，政府调查结果显示鸡肉、蛋白和饲料中二噁英含量严重超标。深入追查结果表明：A 公司（废油回收）用装过废机油（二噁英污染）的油罐装了回收动物油（二噁英），B 公司（饲料原料）从 A 购买这批动物油卖给 C 公司（饲料），农户用从 C 公司购买的饲料养鸡。结果：销毁 1999 年 1 ~6 月期间生产的禽、蛋及其制品；政府集体辞职。

类似案例：美国染菌菠菜事件（2006 年）[22]，欧洲“疯牛病”事件[25]，荷兰鸡蛋氟虫腈污染事件（2017）[23]，等等。

类别：非故意食品安全事故（A 类）。

（3）苏丹红事件[29]。

2003 年 5 月，法国发现一批来自印度的红辣椒粉制品中含有苏丹红Ⅰ号，欧盟国家于同年 6 月禁止含有苏丹红Ⅰ号的辣椒粉制品进入欧盟市场；2005 年 1 月，英国第一食品公司发现其从印度进口的 5 吨红辣椒粉含有苏丹红Ⅰ号。英国食品标准署马上向各国发出通告，并于 2 月召回亨氏、联合利华等 30 家企业生产的可能含有苏丹红Ⅰ号的几百种食品，引发了全球的“苏丹红风波”。我国自 2005 年 3 月开始，也相继在辣椒调味品、鸡蛋及唇膏等产品中检出了苏丹红[1-3]。

虽然 20 世纪初期苏丹红食品安全事件闹得沸沸扬扬，但美国在 1918 年以前曾批准其用于食品，欧盟是在 1995 年才命令禁止在食品中使用苏丹红。因此，在这些立法之前，在食品中使用苏丹红并不违法。

类别：立法前故意非违法（B 类）；立法后偶发违法（C 类）。

2. 归纳

上述国外食品安全事件多为非故意（A 类），也有不违法故意（B 类）和偶发故意违法（C 类）食品安全问题；未见普遍、长期反复发生的故意违法（D 类）食品安全案例报道。

3. 分析

上述社会食品安全案例都取自法治体系已经较为完善和有效的社会。在有效法治社会中，一旦某种食品安全行为违反了现行法律，会依法受到及时、有效的控制。另外，如果某些违法行为具有一定的社会合理性（如某些区域的食品小贩），可以通过一定的法律程序，及时修改这种过于严苛的法律条文，使这种原来非法的行为变为合法。这种情况下，虽然同样的行为还继续存在，但已经成为合法行为。可见，如果在有效的法治社会中，同样的食品安全违法行为一般是不会长期、普遍存在的（D 类）。而非故意（A）、故意但不违法（B）、偶发故意违法（C）等一般性食品安全问题，在任何社会环境下都不可避免的。

（二）我国食品安全案例分析

我国食品安全问题包括一般性问题和特殊食品安全问题。

1. 一般食品安全问题

由于一般食品安全问题的普遍性，无论什么社会条件下都会发生，我国也不例外。

（1）非故意食品安全问题（A类）。

我国这类食品安全问题时有发生。

案例1：中国经济网2014年12月8日报道[42]，国家食药监总局公布的监督抽检结果表明，多个品牌包装饮用水抽检结果菌落总数不合格（生物危害）。

案例2：人民网2014年11月12日转载报道[43]，“山东某品牌鸡蛋吃出丝袜”（物理危害）。山东某品牌鸡蛋市场销售很好，临沂的家长也在超市给孩子买了几个某品牌鸡蛋，但拿回家之后孩子吃的过程说咬不动，家长细看发现鸡蛋里有丝袜，厂家也不清楚丝袜是怎么到了鸡蛋里的。

从上述两个案例看，案例1增加了食品生物危害风险，但既不能提高食品感官品质，也不能降低食品生产经营成本；而案例2增加了食品物理危害风险，但会被消费者直接感知发现，反而造成厂家品牌信誉损害。对以盈利为目的的企业来说，这两种食品安全风险的增加，不仅不会给企业带来利益，还会导致严重的利益损失。因此，发生这类食品安全问题，一般都不是企业的主观故意行为。

（2）故意但不违法问题（B类）。

故意但不违法问题（B类）在我国也有发生。如前所述的“苏丹红”“瘦肉精”“三聚氰胺奶粉”等食品安全问题，在我国一开始发生时，由于还没有明确限制这类行为的法律规定，企业往食品里添加这类物质是故意的，但当时这种行为并未明确违反已有的法律规定。

（3）偶发故意违法（C类）。

我国的大、中型食品企业和多数小微企业，很少发生故意违法食品安全问题，偶尔发生也会受到有效控制，不会长期、普遍的发生同样的食品安全问题。

2. 我国的特殊食品安全问题

除了上述一般食品安全问题外，我国存在着特殊食品安全问题（D类），这与我国特殊的社会环境有关。

（1）案例举例。案例1：劣质油（如地沟油）加工食品。凤凰网湖南频道2016年8月11日报道，多地区出现“黑作坊”用低成本的非食用猪肉、淋巴及其所炼油加工的包子和饺子。

案例2：“毒多宝鱼”（滥用农药、兽药）。人民网2015年7月13日报道[45]，济南历下区食药监局工作人员对辖区某连锁酒店销售的活体多宝鱼依法抽检，发现该酒店销售的多宝鱼含有兽药呋喃西林代谢物（国家2005年已禁止使用）。

案例3：“铝包子”（滥用添加剂）。2016年5月4日报道[46]，陕西某地发现，为求卖相好看，包子铺使用非法添加剂蒸出“铝包子”。

案例4：二氧化硫超标竹笋（滥用添加剂）。人民网广东频道2015年6月4日报道[47]，卖相白白嫩嫩的新鲜竹笋，实际却被大量焦亚硫酸钠浸泡加工，二氧化硫残留量超过国家安全标准近10倍。近期，广州海珠警方捣毁加工、销售“黑窝点”3个，查获不符合安全标准的竹笋、米豆腐、海带、黑木耳等食品约10吨。

案例5：“色素熟食”（滥用添加剂）。人民网2014年8月18日报道[48]，哈尔滨一个小食品加工厂用色素浸泡、大锅蒸煮发臭的鸡腿、卤蛋、鸡爪等熟食，在市面上销售。

上述案例中，案例1属于使用不合格或来历不明食品原材料类，案例2属于食品原料滥用农药、兽药类，案例3～案例5属于滥用不同类型添加剂类，是消费者多年来经常听闻的许多食品安全问题中有代表性的几个，都属于长期普遍故意违法食品安全问题（D类）。

（2）案例统计分析。“掷出窗外”网站收集了国内各大媒体和各地方官方媒体报道的3500多个食品安全案例[49]。我们从其中按时间分段，每段随机选取1/10、共300多个案例，按照上述食品安全问题A、B、C、D分类定义进行分类，结果如图5－1所示。

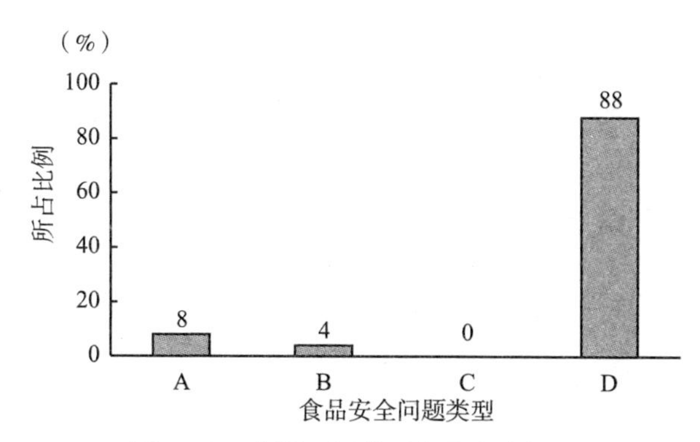

图 5－1　我国不同类型食品安全问题

如图 5－1 可以看出，我国社会既存在与欧美国家性质相同的一般食品安全问题，也存在另一类性质不同的特殊食品安全问题。而且，在广大普通消费者视野中，这些特殊食品安全问题占了绝大多数。

二、我国企业食品安全特点分析

社会食品安全问题首先是企业食品安全风险控制问题，因为市场上的安全或非安全食品都是由企业提供的。社会存在食品安全问题即是指企业生产经营存在食品安全问题。我国社会食品安全问题长期不容乐观，直接原因就是企业长期不能有效保障向市场提供安全食品。因此，加强对企业的食品安全监管是解决社会食品安全问题的必然路径。

（一）我国食品生产经营单位细分

1. 细分食品生产经营单位的必要性

向市场提供食品的生产经营单位并非同一种类型，不同类型的食品生产经营单位在食品安全风险控制能力、控制意识和受到监管的有效性等方面存在很大差异；不同生产经营单位所发生的食品安全问题及其对社会食品安全问题的影响也各不相同。在我国社会食品安全问题治理过程中，如果不加区分地以同样态度和措施治理所有生产经营单位的食品安全问题，必然影响社会食品安全问题治理效率的提高。

因此，有必要依据食品安全问题发生频率和类型，对我国食品生产经营单位进行分类，并根据不同类型食品生产经营单位所发生食品安全问题的类型和原因，采取有针对性的治理措施，才能有效提高我国社会食品安全问题治理效率。

2. 我国食品生产经营单位分类

（1）食品出口企业（Ⅰ层）。我国有部分企业经营食品出口业务，其中有的以出口业务为主，产品很少或没有内销；有的部分产品或偶尔开展食品出口业务，其余主要生产经营内销市场。我国食品出口企业数量多年来呈逐渐上升趋势，出口食品总量大幅增加。

（2）大规模食品企业（Ⅰ层）。指年营业额数亿元以上的企业，如海天、青岛啤酒、中粮集团等，企业数量不多，食品市场占有率很高，而且还在不断扩大。

（3）中等规模食品企业（Ⅱ层）。指年营业额数百万元到数千万元的企业，有较高的市场占有率，企业数量较大，食品市场占有率也较大。

（4）小微食品企业（Ⅲ层）。是指年营业额十几万元到几十万元的食品生产经营单位，食品市场占有率较低。我国小微食品生产企业数量庞大，据相关统计数据显示，小作坊、小餐饮单位占我国食品企业数量80%以上[25]；并且这些年呈快速增长势头，与规模化食品企业的数量比值差距也呈进一步扩大趋势。

（5）非法经营单位（Ⅳ层）。一般为小微食品生产经营单位，也会出现个别有一定规模的单位，食品市场占有率很低。非法食品单位缺乏准确统计数据，据相关数据估计，其数量应不低于合法小微企业数量，数量庞大[50-52]。

我国食品生产经营单位分类总结列于表5-1。从表5-1看，我国食品生产经营单位可分为四个层级：Ⅰ层为出口和大规模食品企业，Ⅱ层为中等规模食品企业，Ⅲ层为小微食品企业，Ⅳ层为非法经营单位。

表5-1　我国食品生产经营单位分类

类型	分层	合法性	企业数量	国内市场占有率
出口	Ⅰ层	合法	少	不大
大规模			少	很大
中等规模	Ⅱ层		较多	较大
小规模	Ⅲ层		很多	很小
小规模	Ⅳ层	非法	很多	很小

（二）我国不同类型企业食品安全监管特点

1. 食品出口企业

（1）食品安全监管体系。我国出口企业食品安全监管由国家食品进出口检验检疫局负责。国家食品进出口检验检疫局属于中央政府垂直管理系统，各级出口食品安全监管机构直属于国家局，各级机构的人、财、事权由国家食品进出口检验检疫局统一负责。

（2）监管依据。我国出口企业食品安全监管除了依据我国相关法律法规外，需要符合进口国的相关食品安全法律法规要求。

2. 内销食品生产经营单位

（1）食品安全监管体系。

我国内销食品生产经营单位的食品安全监管主要分别由食品安全监督管理和农产品质量安全监督管理两个政府职能部门负责。我国政府食品安全监管职能部门由国家食品药品监督管理总局及各省、市、县（区）食品药品监督管理局（简称食药监局）构成；农产品质量安全监管职能部门由农业部、各省农业厅及各市、县（区）农业局构成。

我国政府食药监局和农业职能部门实行“条”“块”结合管理模式，即各级政府职能部门依据上级职能部门指导开展食品安全监管业务，但人、财、物权由同级政府负责。

（2）监管依据。

食药监部门和农业部门分别依据《中华人民共和国食品安全法》和《中华人民共和国农产品质量监督管理法》对食品和农产品生产经营单位进行食品安全监管。

可见，我国食品出口企业与国内市场销售企业的食品安全监管体系、监管依据都有区别。出口企业食品安全监管体系较为单一，内销食品企业监管体系较为复杂，而且监管依据也不一样。

3. 对不同类型企业食品安全监管的有效性

由于监管资源（法律法规体系、人财物等）和监管体系的限制，我国政府对不同类型企业食品监管的有效性存在明显差异。

（1）食品出口企业（Ⅰ层）。

出口企业食品安全风险控制水平首先必须符合进口国的食品安全监管要求，否则达不到出口食品企业资质要求，因此在企业规模、食品安全风险控制意识和能力都已达到一定水平；另一方面，我国出口企业食品安全监管体系权责及依据清楚。因此，我国对出口企业的食品安全监管有效性很高。

（2）大规模（Ⅰ层）和中等规模（Ⅱ层）食品企业。

由于规模化企业食品市场占比很大，企业数量相对很少，是政府职能部门监管重点；加上规模化企业食品安全风险控制意识和控制能力都更强，政府食品安全监管措施在规模化企业都能得到有效落实，食品安全监管有效性高，尤其是对大规模企业的食品安全监管的有效性很高。

（3）小微食品企业（Ⅲ层）。

我国合法小微食品企业数量庞大、分布区域和领域宽广，食品安全风险控制意识和能力都很弱，生产经营食品的市场占比又很小。对小/微生产经营单位的食品安全监管一直是一个难题，政府监管措施的落实难度很大，食品安全监管有效性较低。

（4）非法经营单位（Ⅳ层）。

非法经营单位包括两种：第一，证、照不齐。有工商执照、无食品生产经营许可证的食品生产经营单位；第二，无证无照。没有任何证照，完全的“黑户”。

依照现行法律法规，这两类食品生产经营单位都是不被允许的，其存在本身就是一个严重的食品安全问题。

可见，我国食品生产经营单位受到政府食品安全监管的有效性存在较大差异，可以明确划分为监管有效性高的企业（Ⅰ层和Ⅱ层）和监管有效性不高的企业（Ⅲ层和Ⅳ层）两大类。

（三）我国不同类型企业食品安全问题特点

1. 食品出口企业

近几十年来，我国食品出口额一路上升，从1984年的不到38亿美元上升到2013年的近600亿美元，增长了近15倍[20]，这从侧面反映了我国出口食品安全保障能力。

2. 内销食品生产经营单位

根据“掷出窗外”网站数据统计，不同类型内销食品生产经营单位所发生食品安全问题频率和类型列于表5－2。

表5－2　我国不同类型内销食品生产经营单位发生的食品安全问题频率和类型

企业层次	总数		食品安全问题类别						
			A		B		C	D	
	数量（件）	比例（%）	数量（件）	比例（%）	数量（件）	比例（%）	数量（件）	数量（件）	比例（%）
Ⅰ层	2	4.0	2	28.6	0	0	0	0	0
Ⅱ层	4	8.0	3	42.9	1	33.3	0	0	0
Ⅲ层	22	44.0	2	28.6	1	33.3	0	19	47.5
Ⅳ层	22	44.0	0	0	1	33.3	0	21	52.5
合计	50		7		3		0	40	

注：A——非故意；B——少见偶发故意但不违法；C——罕见偶发故意违法；D——长期、普遍故意违法。

（1）内销企业食品安全问题发生频率。

1）大规模（Ⅰ层）和中等规模（Ⅱ层）企业食品安全问题发生频率很低。从表5－2数据看，虽然大型和中型企业食品安全问题备受社会和媒体关注，但报道的大规模（Ⅰ层）和中等规模（Ⅱ层）企业食品安全问题发生频率很低、数量很少，只有报道数量的12%。

2）小微食品企业（Ⅲ层）和非法经营单位（Ⅳ层）单位食品安全问题发生频率很高。小型食品生产经营单位由于规模很小、产品本身的社会影响力很小，加上食品安全风险控制能力很低和缺乏有效的监管，其生产经营的食品存在不同程度食品安全问题已是常态，并不会引起社会和媒体的高度关注。至于非法食品经营单位，其存在本身就是一个严重的食品安全问题，而社会对非法食品单位有足够的接受度，是其得以在市场上长期、普遍存在的一个重要原因。

即使如此，从媒体报道看，占报道总数88%的食品安全案件都发生于小微食品企业（Ⅲ层）和非法经营单位（Ⅳ层）的问题。

（2）内销企业发生食品安全问题类型。

1）大规模（Ⅰ层）和中等规模（Ⅱ层）企业发生食品安全问题类型。从表5-2数据看，我国大、中型食品企业食品安全问题以非故意（A）类食品安全问题为主，少见偶发故意但不违法（B）类食品安全问题，罕见偶发故意违法（C）食品安全问题。这些A、B、C类食品安全问题属于一般性食品安全问题，古今中外都会发生。未见Ⅰ层和Ⅱ层企业有D类（长期、普遍故意违法）食品安全问题报道。

2）小微食品企业（Ⅲ层）和非法经营单位（Ⅳ层）发生食品安全问题类型。如上所述，Ⅲ层企业由于客观能力的限制，发生Ⅰ层和Ⅱ层企业都难以避免的一般性食品安全问题已属常态，而Ⅳ层食品生产经营单位存在本身就是一个严重的社会食品安全问题。另外，社会所见D类（长期、普遍故意违法）食品安全问题几乎都出自这些Ⅲ层和Ⅳ层食品生产经营单位。

可见，我国出口食品极少发生食品安全问题，内销食品大、中型企业很少发生食品安全问题，而其所发生的都是一般性食品安全问题。我国小型、非法食品生产经营单位不仅常态性存在不同程度一般性食品安全问题，而且特殊性食品安全问题（D类，长期、普遍故意违法）几乎都出自这些单位。

三、食品安全整体状况持续明显改善，消费者食品安全满意率持续低迷

（一）我国食品安全问题治理局面明显改善

1. 食品安全检测、监测合格率明显提高

（1）食品安全抽检合格率持续、明显提升。如图5-2所示，1985年，我国食品安全抽检合格率只有71.3%。在随后的32年间，我国食品安全整体局面不断改善，食品安全抽检合格率一个一个台阶地大幅度提高。1985~1990年五年间，食品安全抽检合格率提升到超过82%；至2000年提高到超过87%；2006年突破90%，达到91%；2014年突破95%，达到96%，到2017年达到97.6%。我国食品安全抽检合格率32年间提升了26.3个百分点。

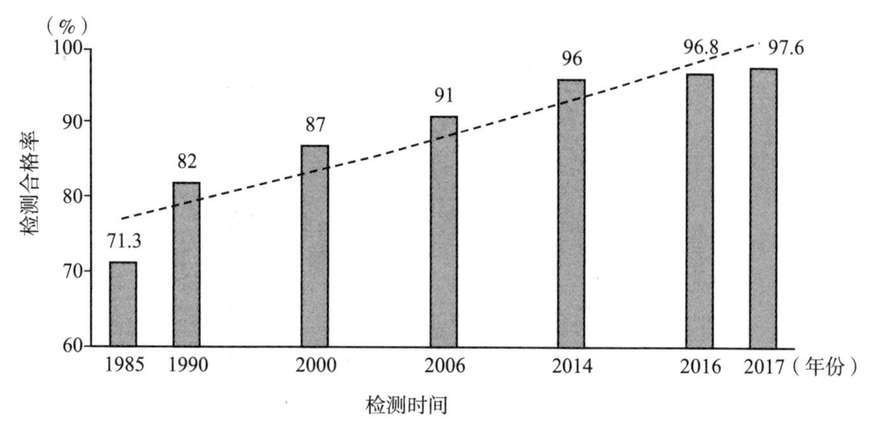

图 5-2 我国食品安全抽检总合格率[25,45]

(2)农产品安全监测合格率高。“十二五”期间，农业部例行监测总体合格率为96.9%，2015年达到97.1%，保持稳中有升的发展态势[54]。

2015年和2017年我国主要农产品监测合格率如图5-3所示。2015~2017年两年间，主要食用农产品监测合格率都有明显提升，其中水产品合格率由94%提高到96.3%，提高2.3个百分点，水果由95%提高到98%，提高3.0个百分点，蔬菜由96%提高到97%，提高1.0个百分点，畜禽产品由99%提高到99.5%。监测合格率表明，我国农产品安全总体水平已经达到较高水平。

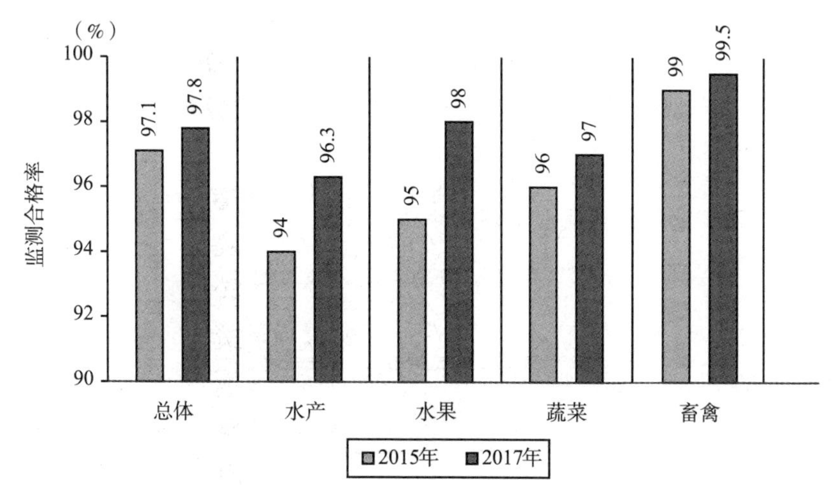

图 5-3 2015年、2017年我国主要农产品监测合格率[54,55]

2. 各类食品安全事件发生数量明显下降

反映食品安全总体局面的另一项重要指标是食物中毒数据。从图 5－4 数据看，2006～2013 年间，我国重大食物中毒案例数和中毒人数都呈持续和明显地下降趋势。重大食物中毒例数由 2006 年的 600 例/年一路下降到 2013 年的 152 例/年，下降 4 倍；中毒人数也由 2006 年的 17974 人/年减少到 2013 年的 5559 人/年，减少 2.2 倍多。

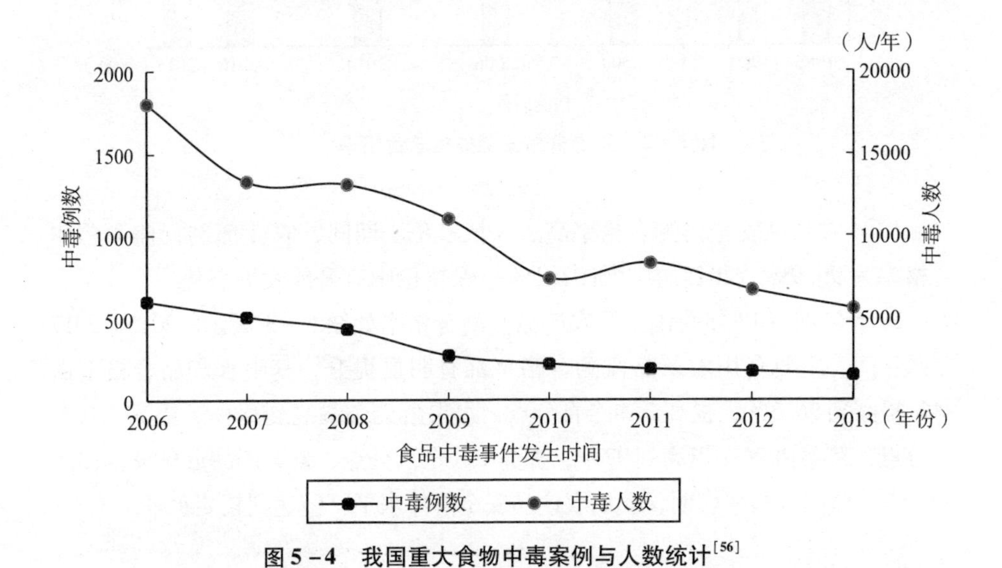

图 5－4 我国重大食物中毒案例与人数统计[56]

上述权威数据都表明，这些年来我国食品安全总体局面是在持续而明显地改善，而且目前我国的食品安全状况已经达到较高水平。

（二）我国消费者食品安全满意率持续低迷

一般来说，一个国家消费者食品安全满意率与其食品安全总体水平保持正相关关系，即消费者的食品安全满意率是随着食品安全总体局面的改善和总体水平的高低而变化。如果食品安全局面明显改善，消费者食品安全满意率会明显提高；食品安全总体水平较高，消费者食品安全满意率也会保持较高水平。

如上所述，我国食品安全总体局面不仅持续、明显改善，而且已经达到较高水平。然而，趋势向好并且已经不错的食品安全客观局面，消费者应该保持一个较为满意的态度，或不满意度应该很低。但是，我国消费者食品安全满意率长期处于低迷状态。

1. 消费者食品安全满意率调查数据不乐观

中国工程院重大咨询研究项目成果《中国食品安全现状、问题及对策战略研究》（2016 年 1 月 27 日发布）表明消费者高度关注食品安全，但满意度仅为 13%[26]；王俊秀调查数据表明全国居民食品安全满意度平均值介于一般和比较满意之间[57]；肖枝洪调查数据表明重庆市居民对食品安全总体满意度介于不太满意和一般之间，满意度偏低[58]。

2. 食品安全长期成为消费者热点话题

食品安全话题长期高居社会热点话题榜前列。《小康》杂志社联合清华大学媒介调查实验室，并会同有关专家及机构联合进行的调查表明，自2012 ~ 2016 年，食品安全已连续五年位居“最受关注的十大焦点问题”榜首[59]。

一般来说，一个国家消费者食品安全满意率与其食品安全总体水平保持正相关关系，即消费者的食品安全满意率是随着食品安全总体局面的改善和总体水平的高低而变化。如果食品安全局面明显改善，消费者食品安全满意率会明显提高；食品安全总体水平较高，消费者食品安全满意率也会保持较高水平。

如上所述，我国食品安全总体局面不仅持续、明显改善，而且已经达到较高水平。然而，我国消费者食品安全满意率却持续低迷，难以提高，呈现出食品安全问题治理的又一种特殊性。

综上，特殊性食品安全问题的长期存在和在持续明显改善食品安全整体局面下的消费者食品安全满意率低迷，是我国食品安全问题治理特殊性的两个重要方面。

第六章

特殊性食品安全问题对我国食品安全整体局面的影响

我国发生特殊性食品安全问题的食品数量虽不大，直接的食品安全风险也不高，但特殊性食品安全问题的存在对我国整体食品安全问题治理整体局面的影响却不能小觑。尤其是食品生产经营故意违法行为长期普遍的存在，对提高我国食品安全问题治理效率形成了严重障碍。

问题一，非法食品单位对合法小食品单位经营行为会有什么影响？

问题二，合法小食品单位普遍的非法行为对规模化食品企业的经营行为会有什么影响？

问题三，小食品单位存在普遍的非法行为，对消费者食品安全满意率有什么影响？

特殊性食品安全问题指长期、普遍存在的故意违法行为。

如前所述，这类特殊性食品安全问题几乎都出自低层次的Ⅲ层（小微）和Ⅳ层（非法）食品生产经营单位。虽然这些发生特殊性食品安全问题的单位所生产经营的食品数量占市场份额很小，但其对我国食品安全问题治理整体局面的影响却不可小觑。

第一节 低层（Ⅲ和Ⅳ层）食品单位非法行为对整体食品安全局面的“感染”效应

一、相关理论

（一）破窗效应

习近平总书记2015年6月26日在中共中央政治局第二十四次集体学习时强调，法规制度的生命力在于执行。不以权势大而破规，不以问题小而姑息，不以违者众而放任，不留“暗门”、不开“天窗”，坚决防止“破窗效应”。

1. “破窗效应”简介[60]

美国斯坦福大学心理学家菲利普·津巴多（Philip Zimbardo）于1969年进行了一项实验：他找来两辆一模一样的汽车，把其中的一辆停在加州帕洛阿尔托的中产阶级社区，另一辆停在相对杂乱的纽约布朗克斯区。停在布朗克斯的那辆，他把车牌摘掉，把顶棚打开，结果当天就被偷走了。而放在帕洛阿尔托的那一辆，一个星期也无人理睬。后来，津巴多用锤子把那辆车的玻璃敲了个大洞。过了几个小时，这辆车就不见了。

以这项实验为基础，政治学家詹姆士·威尔逊（James Q. Wilson）和犯罪学家乔治·凯林（George L. Kelling）在《大西洋月刊》（*The Atlantic Monthly*）杂志1982年3月期发表了题为《破窗》（*Broken Windows*）的文章，提出了“破窗效应”理论，认为：如果有人打坏了一幢建筑物的窗户玻璃，而这扇窗户又得不到及时的维修，别人就可能受到某些示范性的纵容去打烂更多的窗户。久而久之，这些破窗户就给人造成一种无序的感觉，结果在这种公众麻木不仁的氛围中，犯罪就会滋生、猖獗。

一面墙，如果出现一些涂鸦没有被清洗掉，很快地，墙上就布满了乱七八糟、不堪入目的东西；一条人行道有些许纸屑，不久后就会有更多垃圾，最终人们会视若理所当然地将垃圾顺手丢弃在地上。

2. 食品安全“破窗效应”

特殊性食品安全问题，就是市场食品安全管理的“破窗”。由于没能及时制止食品安全故意违法行为，修好这扇“破窗”，就为其他食品经营单位造成某种示范和纵容性作用，更多的单位跟随这种非法经营行为，逐渐导致提供非安全食品的非法经营行为越来越多，以致这种故意违法行为泛滥开来，甚至被视作一种可以接纳的“正常”现象。

（二）柠檬市场效应

1. “柠檬市场”理论简介[61]

柠檬在美国俚语中是“残次品”或“不中用的东西”。柠檬市场（The Market for Lemons）也称次品市场，是指信息不对称的市场，即在市场中，产品的卖方对产品质量拥有比买方更多的信息。1970 年，31 岁的著名经济学家乔治·阿克洛夫（George Akerlof）发表了《柠檬市场：质量不确定和市场机制》（*The Market for Lemons：Quality Uncertainty and the Market Mechanism*）的论文。他凭着该论文摘取了 2001 年的诺贝尔经济学奖［2014 年起担任美联储主席的珍妮特·耶伦（Janet Yellen）是其妻子］。

柠檬市场效应——在信息不对称的情况下，导致市场“劣币驱良币”的效应：由于交易一方并不知道商品的真正价值，只能通过市场上的平均价格来判断平均质量，由于难以分清商品好坏，因此也只愿意付出平均价格。由于商品有好有坏，对于平均价格来说，提供好商品的自然就要吃亏，提供坏商品的便得益。于是好商品便会逐步退出市场，坏商品越来越多。由于市场上充斥了坏商品，消费者便会对市场上的所有商品质量失去信任，就算面对一件价格较高的好商品，都会持怀疑态度，为了避免被骗，最后还是选择价格较低的坏商品。

2. 非安全食品的“柠檬市场”效应

（1）非安全食品市场是一个“柠檬市场”。

食品安全故意违法者充分掌握其提供食品品质安全信息；消费者完全不能辨别市场食品品质安全信息。因此，在市场上，食品的买者和卖者之间存在高度的信息不对称。

（2）非安全食品对安全食品产生“劣币驱良币”效应。

消费者知道市场存在安全和非安全食品但又不能分辨，购买食品时只愿付出平均价格以规避风险。平均价格使安全成本更低的非安全食品获益、成本更高的安全食品受损，市场价值规律被扭曲。在与非安全食品的市场竞争中，安全食品处于劣势，受到非安全食品的挤压驱赶。于是，市场上非安全食品就会越来越多。

比如，诚信经营者 A 向市场提供安全蔬菜，故意违法者 B 向市场提供非安全蔬菜。如果每斤菜 A 的成本是 3 元，每斤菜 B 的成本是 2 元，市场平均价是 3.5 元。于是，A 菜获利 0.5 元/斤，B 菜则获利 1.5 元/斤，市场规律被扭曲。结果，市场上 A 越来越少，其市场份额逐渐被 B 取代，最终结果是 A 被逐出市场。

（三）囚徒困境效应

1. “囚徒困境”理论简介[62]

1950 年，就职于兰德公司的梅里尔·弗勒德（Merrill Flood）和梅尔文·德雷希尔（Melvin Dresher）拟定出相关困境的理论，后来由顾问艾伯特·塔克（Albert Tucker）以囚徒方式阐述，并命名为“囚徒困境”（Prisoner's Dilemma）。经典的“囚徒困境”如下：

有甲、乙两人组成的犯罪团伙，约定被抓后相互不指认对方。警方抓住甲、乙两名嫌疑犯后，没有足够证据指控二人。于是分开囚禁嫌疑犯，并分别向双方提供以下相同的选择：若一人认罪并做证检控对方，而对方保持沉默，此人将即时获释，沉默者将判监 10 年；若二人都保持沉默，则二人各判监 1 年；若二人都互相检举，则二人各判监 8 年。由于二人无法信任对方，因此倾向于互相检举，而不是同守沉默。

经典的“囚徒困境”模型所表达的含义：个人的理性行为会导致集体的非理性行为。

2. 食品安全非法行为的“囚徒困境”

假定两个食品厂家均有生产安全食品和非安全食品两种选择。当甲、乙两者均生产安全食品时，分别获利 6 万元；若一方生产安全食品，另一方生产非安全食品时，则生产非安全食品者获利 6 万元，生产安全食品获利 2 万元。因为生产安全食品的成本要高于生产非安全食品。如果两者均生产非安全食品，则分别获利 3 万元。因为当非安全食品普及后，消费者已经认识到非安全食品太多而减少消费，厂商获利就随之迅速减少。可见，当甲生产安全食品时，乙的最佳选择是生产非安全食品，当甲生产非安全食品时，乙的最优选择还是生产非安全食品。因此无论甲如何，乙的“理性”选择都是生产非安全食品。

同理类推，厂商甲的理性选择同样是生产非安全食品。

这样，每个厂商从自身利益出发，选择生产非安全食品。于是，食品安全故意违法行为蔓延开来，非安全食品在市场上泛滥。这将严重打击消费者对安全食品的信心，最终造成整个安全食品市场的萎靡。

可见，如果市场上的食品安全非法行为得不到及时有效的制止，对整个市场的食品安全守法行为会产生重要的负面影响。

二、Ⅳ层（非法）单位是食品安全问题的一个“感染源”

Ⅳ层（非法）单位的长期、普遍存在本身就是一个严重的特殊性食品安全问题。而且，Ⅳ层单位这种特殊性食品安全问题还会依次向上层食品单位“传染”。

（一）Ⅳ层（非法）单位拉Ⅲ层（合法）小微单位“下水”

1. Ⅳ层单位比Ⅲ层更具成本优势

（1）省掉了相应的许可成本。非法单位未经行政许可，相较合法单位省掉了相应的行政许可成本。

（2）省掉了相应的管理成本。合法单位在经营过程中需要接受监管部门的检查、审查、教育培训，违反管理规定还会受到相应处罚；而非法单位既然没有经过许可，也就不用受到这些监管，反而省掉了这些管理成本。

（3）降低了生产经营成本。合法单位在生产经营过程中需要遵守食品安全相关法律规定，比如原材料采购、食品安全设备、生产过程和人员卫生管理等方面都需要符合相关法律要求；而非法单位则不受这些法律法规要求限制，明显降低了生产经营成本。

在市场上，Ⅳ层单位与Ⅲ层单位构成直接竞争关系。由于Ⅳ层单位在生产经营成本上的这些优势，使得Ⅲ层单位在与Ⅳ层单位的市场竞争中处于不利地位，并由此向Ⅲ层单位传递错误信息：非法经营不仅无害，还会有利。理论上，这会直接动摇Ⅲ层合法小微单位守法经营的信心，淡化依法经营观念，导致合法小微单位的违法经营行为增加。

2. Ⅳ层单位普遍存在冲淡Ⅲ层单位的守法意识

对违法行为制止的有效性取决于其处罚的有效性。

我国《食品安全法》及相关法律法规都规定了对食品安全不同违法行为的系列处罚措施，随违法行为的严重程度增加而增加处罚力度。“吊销许可”是对食品安全违法行为最严重的行政处罚措施。在力度逐级增加的系列处罚措施中，较重处罚措施是为了制止较重违法行为，也是对较轻处罚措施效果的一种保证。

比如，“警告”是食品安全违法行为最轻的行政处罚措施。就“警告”本身而言，被处罚者不会有任何实际利益损失。但是，如果“警告”无效，随之有数额不同的“罚款”；罚款无效还有“暂停营业”，直至“吊销许可”。可见，“吊销许可”不仅是对较重食品安全违法行为的处罚，也是对“警告”等较轻处罚措施效果的一种保障，是对较轻违法行为的一种威慑和阻吓。

在非法食品经营单位的普遍存在并构成对合法小/微单位竞争优势的情况下，“吊销许可”对合法单位非法行为就失去了法律威吓作用。于是，力度更小处罚措施的监管效力也就随之下降，导致合法单位非法行为上升并泛滥开来。

比如，在一家证照齐全的合法包子铺 A 旁有一家无证小包子铺 B，两者的产品和顾客都相似，A 与 B 构成直接竞争对手。由于 B 无须支付相应的监管费用，也无须付出保障食品安全所需的相应成本，在与 A 的直接竞争中就具有了相对更低的经营成本优势，迫使 A 也设法采取一些降低食品安全来保障成本的措施，违法风险上升。另一方面，由于 B 在 A 旁边长期存在，当 A 出现轻微违法行为受到监管部门处罚时，比如警告或小额罚款处罚，A 可能产生抗拒处罚的意识和行为，导致监管效率降低。如此效应不利于 A 法制意识的提升，导致违法行为增加。

（二）低层次单位非法行为向高层次企业“传染”

与Ⅳ层非法单位对Ⅲ层合法单位的影响类似。Ⅲ层单位与Ⅱ层企业、Ⅱ

层企业与Ⅰ层企业在食品市场上都两两构成直接竞争对手。Ⅲ层单位普遍的非法行为对Ⅱ层食品企业的守法行为构成压力和非法诱惑，形成Ⅱ层企业提高食品安全管理水平的阻力；最后，这种守法压力和非法诱惑再传递到Ⅰ层大规模食品企业，导致我国大型食品企业尽管已很努力，但食品安全风险控制水平仍然有待进一步提高。

可见，Ⅳ层单位非法行为的危害效应，会逐层往上“传染”，直到最高层企业，形成我国特殊性食品安全问题的一个“感染”源。

（三）低层单位不合格食品拉低整体食品安全合格率

低层（Ⅲ、Ⅳ层）单位生产经营的非安全食品虽然数量不大，但是其偏低的食品安全合格率也会对我国食品安全总体合格率造成负面影响，拉低总体合格率平均值。比如，即使我国高层（Ⅰ、Ⅱ层）企业食品安全合格率达到99%，如果低层（Ⅲ、Ⅳ层）单位食品安全合格率明显低于此值，我国总体食品安全合格率必然会低于99%。

第二节　低层单位非法行为拖累高层企业

一、低层单位非法行为污损高层食品企业名声

由于低（Ⅲ、Ⅳ）层单位是我国整体食品生产经营的一部分，尽管特殊性食品安全问题几乎只发生在低层单位，高（Ⅰ、Ⅱ）层企业几乎不发生特殊性食品安全问题，但如果不加区分地只从整体看待我国食品安全问题，高（Ⅰ、Ⅱ）层企业的食品安全名声也会因此受损。

二、低层单位非法行为增加高层企业食品安全管理成本

（一）“污名化”构成高层次企业品牌化建设的严重障碍

品牌竞争是现代企业市场竞争的核心和本质。污名化严重阻碍我国规模

化食品企业市场品牌化建设进程，削弱我国食品市场竞争力。

（二）增加高层企业对低层单位的食品安全防范负担

高层企业生产经营的相当部分原料、半成品等需要来自低层单位。为了减小低层单位非法行为导致的食品安全风险的转移，高层企业必须加强对来自低层单位风险的防范（food defense），增加食品安全管理额外成本。

（三）增加高层企业的被监管负担（坏孩子犯错，好孩子陪挨打）

在我国现行食品安全监管体制下，经常需要采取面对全领域的“重拳出击”“专项整治”的食品安全监管工作形式，打击重点往往是由一些低（Ⅲ、Ⅳ）层单位引起的特殊性食品安全问题。如果不加区分的对待高（Ⅰ、Ⅱ）层企业和低（Ⅲ、Ⅳ）层单位，打击低层单位食品安全非法行为的“板子”，经常也会落到完全没有这类问题的高层企业，加重高层企业的被监管负担。

比如，故意滥用添加剂是小微企业和非法单位发生较多的食品安全问题，在大规模企业罕有发生这类问题。如果在区域不加区分地统一开展打击添加剂非法使用专项整治，首先躲不过的是该区域内的大规模企业，不管有没有问题，必须完成一系列的专项整治工作；而一些问题严重的小微企业，由于规模小、数量多，且分布广泛，限于监管资源有限，很难提高打击效率。尤其是一些非法经营单位，本身就是食品生产经营“黑户”，只要在专项整治期间稍加收敛违法行为，躲过“风头”仍会继续作案。

第三节　低层单位非法行为拉低消费者食品安全满意率

一、特殊性食品安全问题分布广泛

虽然低（Ⅲ、Ⅳ）层单位生产经营食品占市场份额很小，但因这些生产经营单位数量庞大、分布广泛，消费者日常生活中和媒体上经常能见到他们食品安全违法行为的踪迹，其行为对消费者感知整体食品安全真实状况构成严重干扰。

二、特殊性食品安全问题是食品安全问题整体的一部分

消费者不加区分地笼统看待我国食品安全问题，会把对特殊性食品安全问题的不满迁移至对我国食品安全问题治理整体局面上，从而构成对提升消费者食品安全满意率的严重障碍。

综上，特殊性食品安全问题从三个方面对我国食品安全问题整体局面构成危害：一是特殊性食品安全问题本身违法行为的危害；二是特殊性食品安全问题对一般性食品安全问题治理，对其他类型企业食品安全行为的负面作用；三是特殊性食品安全问题对消费者食品安全满意率的负面影响。

可见，首先需要分清一般性与特殊性食品安全问题，然后需要重点治理特殊性食品安全问题，才能有效提高我国食品安全问题治理效率。

第七章 我国食品安全问题特殊性的其他观点

许多人虽然认为我国食品安全问题有其特殊性，但对这种特殊性有其他不同的观点，其中主要有“科技和工业发展特殊阶段”“食品企业（家）道德滑坡”“中华饮食文化特殊”“食品企业小散多特性”等不同观点，认为这些才是我国食品安全问题的特殊性。

问题一，科学技术或工业发展水平处于特殊阶段是我国食品安全问题特殊性的主要原因？

问题二，企业（家）道德滑坡是我国食品安全问题特殊性的主要原因？

问题三，中国人饮食习惯是我国食品安全问题特殊性的主要原因？

问题四，食品生产经营单位小而散是我国食品安全问题特殊性的主要原因？

关于我国食品安全问题特殊性，社会上还流行一些其他观点，比如下述几种观点具有一定的代表性。

第一节 科技和工业发展特殊阶段说

一、科技和工业“发展不足”说

科学技术是控制食品安全风险的有效工具。

工业化进程提高经济发展水平，社会有更多的资源投入到食品安全监管中去；食品工业规模化大大提高食品安全监管效率。

欧美发达国家科学技术、工业化水平高，食品安全风险控制水平高，因此食品安全问题相对较轻。与欧美发达国家比较，我国整体科学技术、工业化和食品工业规模化程度相对不足，因此我国食品安全风险控制能力相对欠缺，导致我国食品安全问题相对较严重。

因此，科学技术和工业化发展不足，限制了我国食品安全风险控制能力的提高，是我国食品安全问题较为严重的特殊性原因。

二、科技和工业化“发展快速”说

（一）科技和工业发展增加了食品安全风险

1. 科技发展副产物

科学技术发展在为农业、食品加工业带来新工艺、新材料、新资源和新产品的同时，也带来了一系列新的食品安全风险。比如二噁英、氟虫氰、三聚氰胺、“瘦肉精”、“苏丹红”……都是科学技术发展到一定程度带来的副产物。

2. 工业发展副产物

工业化导致环境污染。化学工业发展生产出大量可用于食品及其原料生产的化学物质，如化肥、农药、兽药、饲料添加剂、食品添加剂等。

食品工业化进程导致新工艺、新材料在食品生产中大量应用。

这些科学技术和工业发展副产物的出现，明显增加了食品安全风险。

（二）科学技术发展也为违法者提供了便利工具

科学技术发展为食品安全风险控制提供了先进有效的手段。但是当违法者掌握了这些先进科学技术时，也成为违法者对抗、逃避惩罚的有力工具。比如当发展出快速检测“瘦肉精”盐酸克伦特罗的技术，可有效检测和打击违法添加“瘦肉精”后，违法者又利用现代科学技术“开发”出另一种“瘦肉精”莱克多巴胺，可有效逃避针对盐酸克伦特罗“瘦肉精”的惩罚措施。

可见，科学技术发展也为违法者提供了违法便利。

近年来我国科学技术及其在生产中的应用快速发展，既产生了许多新的食品安全风险因素，增加了食品安全风险，又为违法者提供了一些新的食品安全违法和逃避打击的手段，成为导致我国食品安全问题发生更多、更严重的一个特殊原因。

三、“科学技术发展阶段特殊性”说不成立

（一）我国科技和工业化“发展不足”与“发展快速”两种说法相互否定

我国科技和工业化“发展不足”说是与食品安全问题治理较好的发达国家比较，我国科学技术水平相对较低；而“发展快速”说看到的是我国改革开放前的科技和工业化水平很低，今天我国的科技和工业化程度有了长足的发展，同时并行的现象是食品安全问题也明显增加了。

其实，只要把这两种单独的说法并在一起，就能看出两者是相互对立和否定的。

（二）科学技术是“双刃剑”

科学技术是一把“双刃剑”，是人们达到某种目的的有效工具。发展科学技术既可以提高控制食品安全风险的能力，也会带来一些副产物和新的食品安全风险因素，还会被违法者用作谋利工具。因此，科学技术本身与是否增加了社会的食品安全风险是没有直接关系的，而是取决于发展和使用这个“工具”的人和食品安全治理体系是否有效。

（三）特殊性食品安全问题与科技和工业化程度无关

如前所述，我国长期存在的特殊性食品安全问题，是指长期、普遍存在的故意食品安全违法行为。这类食品安全问题只与违法者意愿和法治效率有关，与科技和工业化程度无关。

四、"科技和工业化发展阶段特殊性"说的负面效应

相信我国食品安全问题的特殊性是"我国科技和工业化发展阶段特殊性"所导致，会把我国食品安全问题治理关注的重点放在科技和工业化发展上，这会从两方面对我国食品安全问题治理带来不利影响。

（一）夸大科学技术作用

依科技和工业化"发展不足"说，我国社会食品安全问题治理应该把重点放在发展科学技术上，通过大力发展各种食品安全风险控制科学技术，提高我国食品安全问题治理效率。

科学技术是食品安全风险控制的有效工具，发展科学技术对于提高食品安全风险控制能力有着重要而不可替代的作用。然而，导致我国食品安全问题较为严重的因素是多样的，尤其是我国长期存在的特殊性食品安全问题与科学技术水平高低并无直接关系，过多地依赖通过发展科学技术治理我国食品安全问题，一方面过多的投入不能取得相应的治理效果；另一方面会相对降低对导致我国食品安全问题较为严重的其他重要因素的关注和投入，阻碍我国社会食品安全问题治理效率的提高。

事实上，这些年来我国在食品安全风险控制科学技术领域进行了大量投入，产生了大量国际、国内先进的科学技术成果，其中一些成果在我国社会食品安全问题治理中发挥了重要作用，但也存在大量的成果找不到"用武之地"。虽然科技成果转化机制是一个原因，但也需要看到大量脱离实际、为研发而研发的科技成果本身是不能满足我国社会食品安全问题治理实际需要的，尤其对于我国特殊性食品安全问题治理缺乏实际的应用价值。

（二）夸大科技和工业化发展产生的副作用

持科技和工业化"发展快速"说观点者认为，今天我国食品安全问题较为严重的特殊原因与科技和工业化发展产生过多副产物有关，而减少和避免这些副产物的有效途径就是减少或避免科技和工业化手段在食品生产过程中的应用，提倡回归"原生态"食品生产方式，向社会和广大消费者传递"原

生态”食品更安全概念，倡导消费“原生态”“有机”食品理念。

这种在夸大科技和工业化发展副作用基础上建立的“原生态”食品生产消费说，对我国社会食品安全问题治理会带来两方面的负面效应。

1. 对食品安全问题治理的阻碍作用

“原生态”是食品生产的一种方式，在食品及其原料生产过程中，比如育种、施肥、病虫害防治等过程，尽量减少人为干预因素，包括科学技术的应用，以实现生产食品的“原生态”。

如前所述，一方面只通过食品生产方式是不能判断食品的安全性的，另一方面食品安全风险控制科学技术是判断和控制食品安全性的有效手段。因此依靠“原生态”方式不但不能提高我国食品安全问题治理效率，而且不利于加强食品安全风险控制科学技术在食品生产过程的应用，对提高我国食品安全问题治理效率产生阻碍作用。

2. 引导消费者产生食品安全非理性需求

如前所述，“原生态”等减少人为干预活动的食品生产方式，既不能作为判断食品安全性的标准，也不是提高食品安全性的可行方法。事实上，只有投入更多合理的人为干预活动，才是提高食品安全性的有效途径。

认为“原生态”食品是安全食品或安全性更高的食品，与食品安全科学原理和事实不符，不是一种正确或理性的认识。认同这种观点的消费者会期望更多的“原生态”食品以满足食品安全需求。当这种非理性需求得不到满足，会引起消费者对市场食品安全状况的非理性不满意，继而导致对社会食品安全问题治理措施及其效果的非理性不满意，成为提高社会食品安全问题治理效率的一个重要障碍。

第二节　食品企业（家）道德滑坡说

对于我国食品安全问题较为严重的状况，尤其是对于长期、普遍存在的特殊性（故意违法）食品安全问题，如农药超标、非法食品添加、“地沟油”等问题，法律明令禁止，但食品生产经营企业这类违法行为却长期普遍存在。因此一种观点认为，我国这类特殊性食品安全问题的发生，是我国食品生产经营企业（家）道德“滑坡”所致。

事实上，危害社会利益的行为需要通过道德和法律两条路径进行规范。生产经营非安全食品是一种危害社会利益的行为，当然也应该通过道德和法律两条路径进行约束。首先，对社会非安全食品生产经营行为的约束不能只通过一条途径，不能只靠道德或法律途径；其次，道德和法律对危害社会行为的约束并非在任何时间、任何情况下都是同等重要、都需要同时进行，而是在不同情况下，道德和法律手段应该有轻重缓急之分，相互配合，才能更有效地约束危害社会的行为。

因此，在讨论我国食品安全问题发生的主要原因，尤其是特殊性食品安全问题发生的主要原因之前，厘清道德、法律的相关基本概念是必要的。

一、道德细分

（一）公民道德与职业道德

一个有职业分工的社会，社会道德有公民道德和职业道德之分，这两类道德是不同的。

1. 公民道德与职业道德不同

公民道德是保障履行公民社会职责的行为规范，每个公民都应共同遵守的公共道德，如爱国、爱家、尊老爱幼、拾金不昧、诚实守信、礼貌待人等。

职业道德是保障公民履行职业分工责任的行为规范，履行不同的职业责任需要与之对应的不同职业道德作保障，因此不同职业的公民遵守不同的职业道德。比如勇敢杀敌是军人的职业道德，救死扶伤是医生的职业道德，有教无类是教师的职业道德，维护当事人法律利益是律师的职业道德，等等。

2. 职业道德优先于公民道德

每个公民都需要遵守公民道德和职业道德。但是，当公民道德与职业道德内容不同或矛盾时，应该以遵守职业道德为先。因为职业责任是建立在公民责任基础之上的社会责任，职业道德是建立在公民道德基础之上的社会道德。另外，遵守职业道德也是一项优先重要的公民道德。

比如，当医生遇到病人是坏人、律师要为违法者辩护、战场上的军人要杀敌人时，都会遇到职业道德与公民道德的矛盾，显然，这时医生、律师、军人首先要遵守的是他们各自不同的职业道德。

（二）企业道德与企业社会职责

企业（家）是一种社会分工的职业，企业道德是一种职业道德。企业道德是什么？职业道德是保障公民履行职业分工责任的行为规范。要明白企业道德是什么，需要先弄清企业的社会分工职责是什么。

"企业不能只为赚钱"，"企业还要承担社会责任"。企业的社会责任是什么？

1. 社会是分工的

分工是提高社会工作效率的有效途径，也是社会进步的一个重要标志。社会赋予不同分工不同的职责。比如企业、政府、军队、医院、学校等，具有不同的社会分工职责。

2. 企业的社会职责与政府的社会职责密切关联

企业和政府是社会两大基本分工。社会赋予企业和政府不同的分工职责：企业社会分工的主要职责是在市场竞争中取胜为社会创造财富；政府社会分工的主要职责是维持社会活动秩序以保障市场竞争的公平性和公众利益最大化。

企业与政府的社会职责相互保障。企业尽责为社会创造更多财富以保障社会进步的效率；政府尽责为企业竞争提供有序市场环境以保障社会利益最大化。只有在政府尽责保障市场竞争环境的公平、有序，才能保障企业市场竞争过程的公平和不损害社会利益；只有企业尽责才能保障社会财富的高效率增长，为政府保障社会公平提供不断增长的财富基础。

3. 获取利润是企业尽社会责任的具体表现

有限的社会资源需要配置给效率更高的企业。社会资源是有限的，需要配置到更有能力、效率更高的企业，才能为社会创造更多的财富。

获得利润的能力是企业为社会创造财富能力的具体体现。市场遵循市场规律，企业通过市场竞争获取利润，获得利润多的企业为优，获得利润少的企业为劣，"优胜劣汰"。

满足市场需求是企业利润的来源。在有序市场上，企业只有通过满足市场需求才能获得利润；企业只有获得更多利润才能在市场竞争中“优胜”。或者说，获得利润表明企业满足了市场需求，企业获得更多利润表明更好地满足了市场需求。

市场是消费者集合，满足市场需求就是满足消费者或人民群众需求。

可见，企业追求利润，就是追求满足市场需求，就是追求满足消费者或人民群众需求，就是追求更高效率地为社会创造财富。

因此，在有序的市场上，企业获得利润是企业尽其社会职责的具体表现。

当然，这里必须再次强调，这种情况只有在公平、有序的市场竞争环境下才能充分实现。而保障市场竞争环境公平、有序是政府社会分工的主要职责。

4. 企业道德

企业道德是保障企业社会职责履行的一种行为规范。企业社会职责是为社会创造财富，其具体体现是追求企业利润。因此企业道德的主要内容，就是在有序市场环境下追求利润。也就是说，企业追求利润，像医生不分好坏治病救人，像律师维护当事人法律权利，像军人勇敢杀敌，是一种遵守职业道德的具体表现。而如果企业不努力追求利润，反而是不讲职业道德，不履行社会职责的一种表现。

5. 食品企业道德

食品企业道德是保障食品企业履行社会职责的一种行为规范。食品企业尽社会职责的具体表现，就是向市场提供满足市场需求的食品，通过获得企业利润的形式为社会创造财富。因此努力按市场需求向市场提供食品，是食品企业职业道德的具体内容。

二、道德与法律

道德和法律都是约束人们行为的一种规范，二者相互融合又各有不同。

（一）道德与法律的区别

1. 德为自律、法为他律

道德是社会倡导的行为规范，通过社会大众的认同和理解，化作个人自愿遵守的行为准则，实现社会行为的个人自律。

法律是建立在道德基础上的一种强制性社会行为规范，通过一定获得社会授权的机构对个人社会行为的强制性约束，实现对个人社会性的强制性他律。

2. 德律广、轻为先，法律重、少在后

对于行为广泛、危害较轻社会行为的规范，先以道德在自觉、自愿基础上进行自我约束规范；“法不责众”，对行为较少、危害性较重且道德约束失效个人行为的规范，须采用法律的强制性约束。

3. 德柔而法刚

道德对人们社会行为的规范内容广泛，每个人各自按自己的理解自愿遵守；法律条文却必须界定严明，尽量减少“自由裁量”空间，而且有法必依、执法必严。

（二）道德与法律需分工合作、各司其职

要实现对社会行为的有效规范，道德与法律必须分工合作，既相互配合，又各司其职。一方面，道德规范是法律规范的基础，法律是道德规范的延续和威慑，德为先、法在后；另一方面，德与法各司其职，各自发挥各自独特作用，才能实现对人们社会行为的有效规范，维护社会正常运行。

因此，在选择应该采用道德或法律规范社会行为时，既不能把德与法相互孤立开来，各施各法、各说各理，也不能德法不清、混为一谈，该用德处施法或该施法处用德，这样会同时降低德和法对社会行为的规范效率，导致对社会危害行为的控制效率降低。

（三）非安全食品生产经营是违法行为

我国法律明确规定，向市场提供的食品应是安全的。因此非安全食品生产经营不仅是一个道德问题，已经成为一个违反现行法律的问题了。显然，对非安全食品生产经营行为的约束，已经超出了道德约束范围，是一个法律范畴的问题。

像其他违法行为一样，对于已经进入法律约束的食品安全违法行为，虽然不应排斥道德约束的作用，但重点应该是如何提高法律约束的效率。因此，如果更多地把注意力放在对非安全食品生产经营行为的道德约束上，而忽略

了法律控制手段，不仅不利于提高我国食品安全违法行为的控制效率，也会降低道德约束的作用，有碍我国食品安全问题治理效率的提高。

三、市场失序是导致非安全食品流行的主要原因

（一）有序市场按价格规律调节市场食品供应种类

市场秩序是保障市场规律有效运行的前提和基础。在有序市场上，食品的种类和数量按价值和价格规律调节。某种食品供不应求时，该种食品的价格上涨，利润上升，吸引追求利润的企业提供更多该种食品；反之，某种食品供过于求时，该种食品的价格下跌，利润减少，追求利润的企业减少提供该种食品。

（二）市场失序导致市场规律扭曲

食品按安全品质分类有安全食品和非安全食品两类。安全性是消费者对食品消费的最基本需求，有序市场上反映的只有对安全食品的需求，应该没有非安全食品的市场需求。因此在有序市场环境下，追求获得利润的企业只会向市场提供安全食品以满足市场需求，不会向市场提供不能满足消费者需求的非安全食品。

可见这里的关键是市场有序。由于非安全食品损害消费者利益，而且是消费者在购买时不能直接辨别的，因此利用专业知识和技术手段辨别非安全食品，依据法律强制手段阻止非安全食品进入市场，是食品市场秩序维护者的重要职责。

如果非安全食品逃过市场秩序维护者的监管进入市场，由于消费者购买时不能分辨真假而以同样的态度对待安全食品和非安全食品，在与安全食品的竞争中，非安全食品会凭借更低的成本而取得市场竞争优势，使安全食品处于市场竞争的不利地位，形成“柠檬市场”的“劣币驱良币”效应。

在这样一种市场失序的“柠檬市场”上，市场受“劣币驱良币”效应作用，非安全食品会比同样的安全食品获得更多的利润。企业如果遵守职业道德，会向市场提供非安全食品获得更多利润以求“优胜”；企业如果不遵守

职业道德，向市场提供获利更少的安全食品，企业会因获利更少而被市场“劣汰”。

如果非安全食品进入市场的行为不能被及时有效阻止，非安全食品就会逐渐蔓延开来。

四、实际案例分析

如前所述，我国实际发生的食品安全问题可分为一般性和特殊性两类。特殊性食品安全问题是影响我国食品安全问题治理效率和消费者食品安全满意度的主要问题。特殊性食品安全问题是指长期、普遍存在的故意违法行为，比如“毒”姜事件，其发生原因虽然有损人利己的道德问题，更主要的还是法律约束的效率问题。

1. “毒”生姜事件简介[3]

2013 年 5 月 9 日，山东某地农户使用剧毒农药“神农丹”种植生姜，被央视焦点访谈曝光。记者采访本准备正面采访报道，但在田间发现了农药包装袋：正面印有“严禁用于蔬菜、瓜果”的大字，背面有骷髅标志和红色“剧毒”字样。在 3 天的时间里，记者暗访了周围 10 多个村庄，发现是一个普遍和公开的现象。当地农民根本不吃使用神农丹种出的姜。当地农民生产姜有两个标准：一是出口日本标准，严格按日本标准；另一是内销姜，想怎么用就怎么用。当地农民告诉记者，只要找几斤不施农药的姜送去检验，就能拿到农药残留合格的检测报告。

2. “毒”生姜事件发生原因简析

这种“毒”姜生产经营是一种故意的损人利己的违法行为，其目的是利己而非损人。显然，“毒”姜生产经营行为已经进入法律控制范畴，对这种损人行为控制的有效性更多取决于法律的有效性。如果控制这种行为的法律手段足够有效，使“毒”姜生产经营行为得不偿失，自然这种损人利己的食品安全违法行为就会受到有效控制。

当然，提高道德素养对控制这种故意损人利己行为也会产生一定的约束作用，但只能产生次要和辅助的作用。从该起“毒”姜事件看，在同样地方这批同样的人，在生产经营出口日本市场的姜时，又截然不同地严格按照食品安全标准操作，使所生产姜的安全品质得到充分保障。对比生产内销“毒”姜和生产高标准安全姜的同一批人的不同行为，驱使他们采取不同行为的原因显然不是其道德水平的高低，而是同一个趋利目的，内销违法“毒”姜获利更多，出口违法“毒”姜得不偿失，原因显然主要是法律对“毒”姜生产经营行为惩罚的有效性。

综上，我国食品安全问题治理效率不高的主要原因在于法律规范的有效性不足，与企业道德“滑坡”缺乏直接关联。

五、企业道德“滑坡”观点对我国社会食品安全问题治理的主要负面影响

按企业道德“滑坡”观点，我国社会食品安全问题治理效率不高的主要原因在于食品企业（家）“黑心”、道德沦丧，改造、重塑和提升企业（家）的道德水平，应该是提高我国社会食品安全问题治理效率的主要途径。这种“法律问题德治理”的路径，会在两方面对我国食品安全问题治理效率的提高产生负面作用。

（一）此路不通——“药不对症”

如上所述，道德对危害社会行为的约束是行为者的一种自觉自愿行为。非安全食品生产经营是一种违法行为，已经超出道德自我约束领域，进入了法律约束范畴。因此，对于法律范畴约束的非安全食品生产经营行为，道德约束的作用必然已退居其次，需要主要依靠法律手段才能得到有效解决。

（二）此路无益——“板子”打错地方

生产经营非安全食品是一种违法行为，是一个法律问题，需要加强社会法治意识和法制体系建设才能得到有效解决。社会对食品安全违法问题的企业道德聚焦和贬斥，回避和掩盖了对食品安全违法行为依法治理问题的关注，既无益于社会和企业增强法治意识，也无益于加强食品安全法制体系建设。

第三节　中华饮食文化、食品企业“小散多”特性说

一、中华饮食文化特性说

与西方饮食习惯相比，中国人的饮食习惯有明显不同。比如我们对食材、加工新鲜度特别讲究，喜欢现做现吃、热做热吃；西方人则对食材和加工食品的新鲜程度没有太多要求，而且喜欢冷食。因此有一种观点认为我们的中华饮食文化特性是我国食品安全问题不易解决的特殊原因。

（一）中国、西方饮食习惯都有增大和降低食品安全风险的两面

1. 中国人饮食习惯有增大了食品安全风险的一面

西方人对食材和食品的新鲜程度没有太多要求，而且喜欢冷食。这种饮食习惯有利于食品产业规模化发展，而企业规模化生产经营有利于提高政府食品安全监管效率和提高企业食品安全管理能力。因此，西方人的饮食习惯有利于降低食品安全风险。

中国人对食材和食品的新鲜度特别讲究，喜欢现做现吃、热做热吃的习惯，不利于大批量生产、长期贮存、长途运输的规模化食品企业发展，导致我们的食品供应需要依赖一些小而散的食品生产经营单位提供。这些小而散企业食品安全风险控制能力不高，增加了我们的食品安全风险。

2. 中国人饮食习惯也有降低食品安全风险的一面

生物危害是食品安全的主要风险。中国人对食品的新鲜度要求高、喜欢热做热吃的习惯，有效减少了有害微生物生长繁殖的机会，对降低食品生物危害风险有重要的积极作用。

西方人对食品新鲜度要求不高、喜欢冷吃的习惯，明显增加了控制食品生物危害风险的难度，增大了食品安全风险。这也是欧美国家食品安全问题中生物危害居多的一个重要原因。

可见，仅从中国人与西方人的饮食习惯不同解释中西食品安全问题治理

效率难免显得牵强。

（二）同样饮食习惯地区的食品安全性异差

比如，在中国香港、澳门、台湾地区和以华人为主的新加坡，有与中国大陆同样的饮食习惯，但与大陆食品安全问题治理效率和效果上仍然存在差异，尤其不存在与中国大陆相同的特殊性食品安全问题。

可见，中国饮食文化特点与我国食品安全问题特殊性没有直接关系。

二、食品单位“小散多”说

与发达国家比较，我国食品生产经营单位小而散且多，因此我国食品安全问题难治理，是我国食品安全问题较严重的特殊原因。实际上，食品单位“小散多”不仅有增大食品安全风险的作用，也有降低食品安全风险作用；更重要的是，食品单位“小散多”或规模化是食品安全和食品行业管理的一种效果反映。

（一）食品单位“小散多”有增加和降低食品安全风险两方面作用

1. 食品单位“小散多”增加食品安全风险

“小散多”的经营单位控制食品安全风险能力有限。提高食品安全风险控制能力需要付出相应的成本。“小散多”生产经营单位控制食品安全风险所需的人、财、物及管理资源都相对缺乏，食品安全风险控制能力相对较弱，因而食品安全风险相对较高。

“小散多”的经营单位增加了监管难度。从食品安全监管者角度看，要达到同样的食品安全监管效果，“小散多”单位较规模化企业需要付出的监管成本和遇到的困难大得多，对“小散多”单位的食品安全监管效率明显低于规模化企业，导致“小散多”单位食品安全风险更高。

2. 食品单位“小”降低食品安全风险

规模增大也会增加企业食品安全风险。

（1）规模化增加了危害物污染风险。比如，有1克食物污染了有害菌，班产一百千克单位食品污染风险为0.1吨；班产一百吨工厂食品污染风险为

100 吨。

（2）规模化增加了危害物的危害风险。比如，如果消费这种非安全食品 0.5 千克/人，班产 100 千克单位食品危害风险为 200 人，班产 100 吨工厂食品危害风险为 20 万人。

同理，规模减小就会降低企业食品安全风险。

可见，生产经营单位“小”不只有增大食品安全风险的一面，也有降低食品安全风险的一面。

（二）企业规模化发展也是食品安全监管效果的表现

食品企业规模化发展与食品安全监管的严格性和有效性有密切关系，严格有效的食品安全监管是食品企业规模化发展的重要推动力。

1. 小单位更难达到食品生产经营领域“门槛”

在严格有效的食品安全监管下，任何企业的食品生产经营行为都必须符合法定食品安全风险控制标准。达不到这些食品安全标准的企业不能进入或被清除出食品生产经营领域。由于达到这些食品安全标准需要一定的“软”“硬”件条件，规模小的企业会因不具备这些食品安全监管要求条件而不能进入或被清除出食品生产经营领域。

2. 小单位食品安全管理成本相对更高

在严格有效的食品安全监管下，任何企业都必须严格按照食品安全标准运行。在同样食品安全标准条件下，小企业食品安全管理成本占企业总体成本的比例更高，因而单位产品成本更高，导致在与大企业的市场竞争中处于不利地位。比如按食品安全监管要求需配备一台值 30 万元的液相色谱仪，小企业检测 100 个样品/月，大企业检测 1000 个样品/月，小企业单位产品食品安全检测成本就会 10 倍于大企业单位产品成本。

可见，在严格有效的食品安全监管下，形成了促进食品生产经营规模化的有利环境，加速食品企业的规模化发展，不利于小规模企业的生存和发展，导致食品企业规模化程度会越来越高，小规模食品企业数量会明显减少。

反之，如果食品安全监管有效性不足，大企业在食品安全管理成本方面的优势得不到凸显，小单位因能够逃过监管反而节省了食品安全管理成本，在一定程度上形成有利于食品小单位的生存发展空间，小单位越来越多，形成食品单位“小散多”现象。

并且，食品单位“小散多”化，又会增加食品安全监管难度，降低监管效率，不利于食品企业的规模化发展。如此便形成恶性循环。

可见，食品安全监管效率的高低，是食品企业规模化发展快慢的重要原因。或者说，食品企业规模化程度高低，也是食品安全监管效率高低的结果或反映。因此，食品企业“小散多”不是我国社会食品安全问题较多的特殊性原因。通过提高食品安全监管效率，可以有效促进我国食品企业的规模化发展，减少“小散多”现象，从而形成提高食品安全监管效率的良性循环。

三、中华饮食文化、食品企业“小散多”特性说的负面影响

如上所述，中华饮食文化、食品企业“小散多”特性说观点并不符合我国食品安全问题治理实际情况。持这两种观点对提高我国食品安全问题治理效率会产生下述两方面负面影响。

中华饮食习惯和食品单位“小散多”是目前我国社会存在的客观现象。如果这些客观现象是我国食品安全问题的特殊性所在，我国食品安全问题治理效率的提高就主要依赖于我国社会饮食习惯的改变和食品企业的规模化发展程度。由此可以推出两个论点：一是我国社会食品安全问题治理效率不高的主要原因，不在于我们的治理策略、方法和努力不够，而是由我国特殊的饮食文化习惯和食品企业状况决定的；二是要进一步提高我国社会食品安全问题治理效率，只有在改变我国社会饮食文化习惯和企业状况的基础上才有可能。由这两个论点可以得出一个结论：在我国社会饮食文化习惯和企业状况的现有实际情况下，对改善我国社会食品安全问题治理策略、方法的探索和进一步加大治理力度的努力，都是没有太多必要的。

可见，这些不符合我国社会食品安全问题治理客观实际的观点，更像是在为我国食品安全问题治理效果长期“不容乐观”寻找合适的理由，对进一步提高我国食品安全问题治理效率并无多少积极影响。

第三篇 我国社会食品安全问题特殊性原因分析

我国社会食品安全问题特殊性包括存在特殊性食品安全问题（长期、普遍的故意违法食品安全问题）和消费者食品安全满意率长期相对不高两个方面。在提出治理这两个方面特殊性食品安全问题措施之前，有必要先找到发生这些特殊性的原因，才能提出更有针对性的有效治理措施。

第八章
我国特殊性食品安全问题原因分析

存在特殊性食品安全问题是我国食品安全问题特殊性之一。找到这类长期故意违法行为得不到有效遏制的原因，才能有针对性地采取有效治理措施。

> 我国特殊性食品安全问题得不到有效治理的主要原因是：
> 问题一，对违法行为处罚过轻？
> 问题二，现有法律法规和标准没能得到有效执行（有法不依）？

特殊性食品安全问题，是指长期、普遍的故意违法食品安全问题。这种故意违犯法律的食品安全问题得以长期存在，实际就是指，我国法律明令禁止的食品安全违法行为得不到有效的控制。一项明令禁止的食品安全违法行为得不到有效制止，其直接原因当然是法制体系效率不足。然而，社会食品安全违法行为的有效治理，还与政府行政治理体系和社会治理体系效率密切相关。

我国社会正处在改革开放的大时代，不仅法制体系处在变革、建设和完善过程中，政府和社会治理体系也都处在变革、建设和完善过程中。因此，我国社会特殊性食品安全问题存在的原因，需要在社会大背景下，从法制体系、行政和社会治理体系这几个方面寻找。

第一节　我国法制体系在完善中

食品安全故意违法行为得不到有效控制，直接原因是法制体系不够完善，导致食品安全问题依法治理效率不高，包括以下三个方面：一是有效实施的法律法规不能有效制止违法行为，二是已制定的法律法规未能得到有效实施，三是法律、法规不健全。

一、有效实施的法律、法规不能有效制止违法行为

在对食品安全违法行为处罚过轻的情况下，即使该项法律、法规得以严密有效的实施，由于违法所得明显超过违法成本，违法成本过低，不能有效阻止此类食品安全违法行为。

比如，对于一个食品非法添加行为只是处2000元罚款，如果其获利比守法经营食品多3000元，扣除罚款后比守法经营还可多获利1000元，违法经营者理性选择当然是继续其违法添加行为。因此，这项对该非法添加行为处罚2000元的法律规定即使百分之百的严格实施，这种违法添加行为也不能得到有效阻止。

显然，法不够严（苛）应是食品安全故意违法行为得不到有效制止的一个重要原因。

二、已制定的法律、法规未能得到有效实施

虽然法律规定很严（苛），但却没有得到有效执行，导致违法行为得不到有效制止。这应该是食品安全故意违法行为得不到有效制止的另一方面重要原因。

比如，法律规定食品生产者未按规定对采购的食品原料进行检验的行为处1万元罚款。如果食品生产者每次采购原材料检验综合成本1000元，严格有效实施的1万元罚款法律规定会让这种违法行为得不偿失，这种采购原料不检验的违法行为就会得到有效控制。但是，如果该项法律规定并未得到有效实施，比如该食品生产者采购原料不检验行为平均20批次才会受到一次1万元罚款处罚，其违法行为节约成本2万元（1000元×20次），扣除罚款1万元，还能节省检验综合成本1万元。因此，该食品生产者的理性选择还是继续其采购原料不检验的违法行为。

一项法律规定得不到有效实施可以分为三种情况：法不够严（密）、法过于严（苛）、对执法者的法不够严。

（一）法不够严（密）

比如，刑法[63]第一百四十三条规定，“生产、销售不符合食品安全标准的食品，足以造成严重食物中毒事故或者其他严重食源性疾病的”，构成“生产、销售不符合安全标准的食品罪”。

然而，对如何界定“足以造成严重食物中毒事故或者其他严重食源性疾病的”，没有明确规定。针对这一规定，2013 年《最高人民法院最高人民检察院关于办理危害食品安全刑事案件适用法律若干问题的解释》对此解释[11]：“含有严重超出标准限量的致病性微生物、农药残留、兽药残留、重金属、污染物质以及其他危害人体健康的物质”，应当认定为刑法第一百四十三条规定的“足以造成严重食物中毒事故或者其他严重食源性疾病”。

然而，如何界定“严重超出限量”，只是一个原则，至今没有明确限定。

可见，食品安全法律体系、法律、法规条文不够严密，致使一些具体的违法行为能够逃过法律、法规的有效处罚。

（二）法过于严（苛）

“法不责众”是有效法制的一项基本原则。在法制社会，对不利于社会整体利益个人行为的有效治理包括道德和法律两套体系。法律体系是强制性（强力/暴力）的惩罚体系，一般只适用于对少数人的、社会危害性较高的行为。对人数众多、社会危害性较低的行为，主要依靠道德体系治理，通过非强制性的社会他律和个人自律加以矫正。

另外，法律条款的实施是需要付出相应成本的，包括法律实施过程遇到的阻碍和法律实施后产生的社会成本。法治成本一般与法律严苛程度呈正相关，法律条款规定越严苛，其实施成本越高。

法律条款规定过于严苛可以包括两方面：

1. 对违法行为界定过严

一些非安全食品生产经营行为对社会的危害性并非可用有或无来界定，而是一个连续增加的过程。比如大米中镉的含量在 0.05mg/kg ~ 0.5mg/kg 范围会对消费者健康产生连续增加的负面影响。为了保障食品安全，法律条款可以在0.05mg/kg～0.5mg/kg范围选择一个值，作为大米是否符合食品安全法律标准，经营超过这个值的大米为违法，应依法受到处罚。对于这类危害程度呈连续性增加社会行为，法律可以选择规定其中一个值作为违法界定。

比如一个产区大米产量超过这几个值的比例分别为：超过0.4mg/kg占10%，超过0.2mg/kg占40%，超过0.1mg/kg占80%。法律可以选择镉含量超过0.1mg/kg，或者0.2mg/kg，也可以是0.4mg/kg作为界定大米经营违法的标准。这样，对于这个大米产区来说，违法经营大米的比例就会分别是80%（超0.1/kg）、40%（超0.2/kg）和10%（超0.1/kg）。显然，对该产区80%大米经营行为都以违法论处的法治成本会远大于对10%大米经营违法行为处置。

如果对这条80%大米经营行为都界定为违法的法律实施成本过高，以至得不偿失，这条法律条款就难以得到有效实施，导致超过食品安全标准大米违法经营行为得不到有效制止。

2. 对违法行为处罚过严（苛）

对违法者的惩罚力度应以能够有效遏止欲违法者违法动机为限。过高的处罚力度会对法律、法规的有效实施带来更大的阻力和执法成本，导致难于严格执行。

比如，对一个每天收入不足百元的未获许可食品摊贩，处以没收全部经营所得、所经营的食品、原料和生产经营工具、设备等物品，并处2000元以上罚款。如果这项法律规定能够有效施行，对这类未获许可食品经营行为应该产生足够的处罚效应。但如果因为这项法律规定因实施成本较高而未得到有效实施，导致这类食品摊贩未获许可违法经营行为得不到有效制止，再将对同样行为的处罚增加至并处罚款5万元以上，处罚金额提高25倍，可能会因法律实施成本大幅度的上升，使得该项法律规定更难以得到有效施行，导致这类小/微单位食品安全违法行为得不到有效制止。

可见，一项有效的法律条款并非越严苛越好。

相关法律条款过于严苛而得不到有效实施，也会是一些食品安全故意违法行为长期、普遍存在的其中一个原因。

（三）针对执法者的法律、法规不严

完善的法律、法规体系应该涵盖社会组成的各方，不仅包括非执法方，也必须涵盖执法方。或者说，不仅要有一套完善的针对被执法者的法律、法规体系，也需要（更需要）建立一套完善的针对执法者的法律、法规体系。“有法必依”“执法必严”不仅是对执法者的道德要求，也应是一套强制性的法律规范。

比如，这些年来，我国从 1995 年的《中华人民共和国食品卫生法》[64]，到 2006 年的《农产品安全法》[6]，2009 年的《食品安全法》[65]，到 2015 年的新版《食品安全法》[1]，我国食品安全法制体系建设不断加强和完善。然而，这些法律、法规体系的建设和完善，几乎都是针对被执法者的。针对执法者的法律、法规体系建设和完善很少被人提及；在主要针对被执法者的法律、法规中，仅有的几条针对执法者的法律条文，却在如何有效实施上未做明确规定。(比如《食品安全法》)。这使得“有法不依”“执法不严”对执法者而言，更多只是一种道德要求，非必须严格遵循的强制性法律规范。这可能也是某些法律、法规得不到严格执行的另一种原因。

三、法律、法规不健全

食品安全问题是一个复杂的复合问题，需要一系列相关法规体系配套实施，才能产生有效的依法治理效果。任何一项相关法律、法规的空缺或不能有效衔接，都会导致食品安全问题依法治理效果大打折扣。

比如我们在佛山市顺德区调研时遇到的一个实际案例，几家未获得食品经营许可的餐馆实际经营了一段时间了，仍然未取得食品经营许可。

本来，未取得许可就开始经营食品，违犯了《食品安全法》，应由食品安全监管部门依法取缔。但这几家餐馆未获食品经营许可是因为其工商经营资格有问题；而其工商许可问题又源于餐馆位置土地使用权有问题。如果这家餐馆在食品监管部门做出取缔处罚后还继续营业，就需要采取强制取缔措施，进入了刑法治理范围，需要得到警察的有效配合……可见，这件无证经营食品安全问题的治理除了涉及《食品安全法》外，同时涉及土地管理、工

商许可和刑法等相关法律、法规，其中任何一项法律规定的衔接或实施出现问题，都会明显影响这种食品安全问题的治理效果。

然而，我国土地所有和使用管理、工商经营管理等正处在不断变革中，食品安全监管法律、法规、标准也还在健全中，依法强制、文明执法的概念和界限尚在明确过程中，这些相关法律、法规必然也还处在变革、探索、建立和完善中。因此这几家无证经营案件很难得到及时有效的处理。

可见，法律、法规不全，是我国食品安全问题治理必须面对的一个现实，也是我国特殊性食品安全问题存在的一个重要原因。

第二节　食品安全问题非依法治理路径依赖

改革开放前，我国的法制体系十分不完善，更主要依靠行政手段、运动式的非法制路径治理食品安全问题。改革开放以来，依法治国成为我国改革的大方向，我国法制体系建设得到不断发展和完善。

今天，我国还处在向依法治国的目标迈进的改革进程中，我国食品安全法制体系仍然还处在不断建设和完善过程中，还存在不同程度的非法治路径依赖现象。这种非法治路径依赖现象对我国食品安全问题治理存在利和弊的两面。

一、非依法治理是法制体系完善过程必要的补充

（一）“专项治理”不是严格意义的依法治理

“专项治理”是指由一级政府组织、制定预期目标，动员政府各种监管资源，在一个相对短的时期内，针对重点食品安全问题，统一开展的集中治理[36]。在专项治理期间，针对重点食品安全问题严格执法、从重从快打击，力求取得明显效果、达到专项治理预期目标。

“专项治理”主要依靠行政命令，强调在一定时期内，针对重点问题的重点打击。对于专项治理期外的食品安全问题治理和治理期内的一般食品安

全问题治理，相对来说打击的力度就不够重，执法的力度就不够严。这种同样的法律条款对同样的违法行为，因不同时期、不同社会因素而区别对待的治理路径，与“法律面前人人平等”“有法必依”“执法必严”的法治基本精神有较大出入。因此，从严格的法律定义看，这种“专项治理”路径不能算是严格的法治路径。

食品安全问题“专项治理”是近年来不同于严格依法治理路径的一种主要表现。

（二）适当的“专项治理”对法制建设有积极意义

由于我国法制体系尚在建设和完善之中，对于一些食品安全问题的治理尚缺乏有效的法律、法规工具，使得严格意义的依法治理效率不足。为了有效遏制一些突出和严重的食品安全违法行为，不得已采取一些非法制手段，比如通过行政命令、上级文件等方式开展专项整治、重点整治等“专项治理”方式。这些“专项治理”填补了暂时的法律漏洞，对有效遏止这些突出和严重的食品安全非法行为、保障公众食品安全利益，发挥了重要的积极作用。

这些过渡性的、填补法制体系漏洞的“专项治理”手段，在我国现行食品安全治理体系下，对于提高食品安全问题治理效率和逐步完善食品安全法制体系建设，也发挥了积极的促进作用。

二、过分依赖非依法治理路径对法制体系建设有负面影响

食品安全问题的“专项治理”在过去和现在对于我国食品安全问题治理具有一定积极和重要的补充作用，但这种“专项治理”不是一种法治路径，在我国依法治国大政方针下，改革的方向应该是逐渐减小这类非法制路径在食品安全问题治理中的作用，直至其完全退出。

如果没有认识到这一点，我们会在思想和行动上形成一种非依法治理路径依赖，遇到具体食品安全问题时，会过多地关注问题的有效治理，少了些对治理手段的法律、法规依据的关注。这种习惯对于加快我国法制体系建设步伐产生不可忽视的负面影响。

（一）政府职能部门习惯非依法治理路径的负面影响

对于一些突发性的，或者一些引起社会舆论广泛关注的食品安全问题治理，在各级政府职能部门的各种文件中，经常会看到“专项整治”“突击治理”“重拳出击”等字眼。如果我们形成了这样一种思维习惯和治理模式，在提高食品安全问题治理效率过程中遇到困难时，会习惯性的依赖这种已操作、见效快的非依法治理路径，而忽略了法制体系建设和完善的努力，放慢食品安全法制体系的建设步伐。

（二）习惯非依法治理不利于社会大众法治意识的培养和提高

社会大众法制意识的培养和提高，是社会法治体系建设的基础和重要内容。“专项治理”不是一种法治模式。如果社会大众习惯了这种非法治模式，不利于社会大众法治意识的培养。在缺乏法制意识和思维习惯的社会氛围中，会在下述两方面对加强我国食品安全法治体系建设产生阻碍作用。

1. 误把法律规定当道德规范约束自己行为

今天我国社会中，有不少人把“生活所逼”“没文化，不懂法”作为自己食品安全非法行为的理由，只把法律规定当作一种道德约束。比如一些未获许可食品小摊贩，虽然知道未获许可经营食品是违法行为，但认为自己靠自己劳动养活自己，也满足部分消费者需求，从情理和道德上并无不妥。当遇到监管部门强制性的法律管制行为时，有不少违法者不是心悦诚服的接受监管者的依法管制，而是口服心不服，或鸣冤叫屈、消极抵触，甚至奋力抗争。

我国《食品安全法》已实施多年，多年来也在社会上得到大力宣传和普及。然而，时至今日，当监管人员依法制止一些食品安全违法行为时，仍然会遇到不少违法者以种种情理、道德等非法治理由的辩护、阻挠和抵制，对提高我国食品安全依法治理效率，加快食品安全问题法治体系建设带来不小阻力。

2. 不利于社会食品安全治理法制氛围的建立

法律的建立必须经过法定程序。在法律建立过程中，情理和道德是制定法律的重要基础，或者说法律是情理和道德的产物。然而，法律一旦制定后实施，就只受法律自身的限制，不受其他因素的干扰。如果已实施的法律因与情理或道德不符需要改正，必须经过法定程序才能修改。在完成必需的法定程序之前，不影响现有法律的有效性。这是法治的一项重要原则！

然而，在现今社会中，仍然存在不少缺乏基本法制意识的社会大众，这部分人一方面要求加强法治建设，提高社会食品安全问题治理效率；另一方面，在评价社会食品安全问题治理事件时，尤其评价政府职能部门一些强制性监管行为时，常常不注重或忽略了法律规定，更多以情理和道德作为主要评价依据，助推一些非法治意识的社会舆论的形成。

比如在多起食品摊贩违法行为治理事件中，部分民众关注的重点集中在事件的情理和道德范围，其中的法律因素几乎完全被忽略。这种社会非法治意识和思维习惯，不利于食品安全问题理法治氛围的建立，也是我国法制体系建设所必须面对的现实和困难。

第三节　社会综合治理体系在建设和完善中

对于食品安全违法行为的治理看似只是一个法律问题，只要有法必依、执法必严就能解决。但一些食品安全违法行为的治理还会与其他社会问题治理密切相关。比如长期存在的食品生产经营非法单位问题，看似只需直接依法取缔就能解决，但却是我国社会食品安全问题治理的难点之一。因为这不仅是一个食品安全问题，同时也与社会其他问题关联，牵一发动全身，需要社会其他相关问题治理体系的密切配合，才能得到有效治理。

一、食品安全问题治理牵涉其他社会问题治理

取缔一个非法食品单位，清除了一个食品安全风险点。然而，随之而来的可能是一系列其他社会问题风险。

（一）民生问题

被取缔非法食品经营者的生活保障问题。一些非法食品经营者是出于生

活所逼，其非法经营不仅是为了养活自己，也是家庭其他成员的重要生活来源。取缔非法食品经营行为，就是断了这部分人的生活来源。

减少市场经济实惠和便捷的食品供应问题。非法食品单位经营食品价格较低，往往出现在过往人群密度较大的区域，满足了部分人群，尤其是低收入人群对经济实惠、方便购买食品的需求。取缔这些非法食品单位，就是取消了低成本、便捷购买的食品供应单位，必然增加这部分人群的食品消费成本和困难。

（二）就业问题

非法食品单位一般都是就业“门槛低”的工作，对资金、技能和体能的要求都不高，容纳了一批低收入、低能力人群就业。取缔非法食品单位，就是减少了这群人的一个就业选择。

（三）社会稳定问题

上述任何一个问题得不到妥善解决，都会刺激利益受损者的不满情绪。如果这种不满情绪不能得到有效化解，就会增加一个社会不稳定因素，成为一个社会不稳定的风险点。

可见，一个食品经营非法单位问题，还与民生、就业等社会重大问题密切相关。作为一级地方政府，单纯解决一个非法经营的食品安全问题不难，难的是还必须做好治理由此而生的相关社会问题的准备。而这些相关社会问题的治理，必须依靠一个更加健全和完善的社会综合治理体系。取缔非法食品单位虽然简单，但综合治理还需要解决由此衍生的一系列其他社会问题。

二、各职能部门协同配合执法体系的改革和完善

对食品安全违法的打击不只是食品安全监管部门的事，还涉及政府其他相关职能部门的配合和支持。这主要包括两部分，一部分是打击食品安全非法行为过程中各相关职能部门的协调配合，另一部分是打击食品安全非法行为之后相关部门的善后配合。

（一）打击过程中需各相关职能部门的协同配合

首先，对国内食品安全故意违法行为负有直接责任的有食品药品监督管理、农业两个职能部门，这两个职能部门需要在食品还是农产品质量安全问题上分清权责、相互协同配合。

除了这两个直接责任职能部门外，食品经营者的工商经营资质的把关、纳税义务的履行、土地使用的合法性、消防和环保责任的落实等，需要工商、税务、国土资源、消防（公安）、环保等职能部门协调配合；食品小作坊、小摊贩非法经营行为治理还需要城市管理部门协调配合。当食品安全违法行为处在了行政监管范畴与刑事犯罪交界区域，则需要与公安部门的协同配合。

对食品安全违法行为的打击，需要各个相关职能部门的有效协调配合，才能取得有效的打击效果。如果其中某个或某些职能部门协调配合不畅，未能各尽其责，非法食品经营行为就很难得到有效遏制。

比如，对于食品安全监管部门来说，如果工商、税务部门没把好经营许可关，会给食品经营许可把关带来困难；如果农业部门没把好关，会形成食品安全问题的源头；如果公安部门对涉及刑事犯罪食品安全问题不能及时、有效介入，会明显降低食品安全行政监管的法律威慑力和监管效率。

（二）打击后的协同配合

如上所述，对食品安全违法行为进行有效打击后，会带来相关的社会问题，需要政府相关职能部门的积极协调配合。

比如吊销一个违法食品企业的生产经营许可后，下岗人员的重新就业需要劳动和人力资源部门的协同配合；下岗人员再就业之前的基本生活、健康保障问题需要得到民政和社会保障部门的有效救助；对行政处罚结果不满人员的诉求表达和非理性行为的控制，需要得到信访、维稳等相关职能部门的有效配合；等等。在得不到这些相关职能部门中的某个或某些部门的有效协同配合之前，食品安全监管部门会因可能会导致的后续社会问题而审慎采取行动，影响食品安全问题治理效率的提高。

可见，食品安全问题治理涉及多个政府职能部门，需要在一个相关职能部门有效协同配合的整体治理机制下，才能得到有效的治理。

然而，食品安全监管各相关职能部门的有效协调配合机制，需要在一个统一有效和稳定的整体治理机制下，通过相关职能部门经过一段时间主动、积极地努力和磨合，才能逐渐形成。我国食品安全问题治理政府机制还处在改革的进程中，一个稳定、有效的整体机制尚未完全形成，相关职能部门的有些监管职能还处在进一步明确和调整中。因此，在目前的治理机制下，当食品安全问题治理涉及多个职能部门权责时，很难避免相关职能部门之间有时出现协调配合不畅的现象发生。

三、社会自制体系需要建设和完善

如上所述，食品安全问题治理与其他社会问题治理密切相关。在市场经济下的法治社会，政府相关职能部门并不能全揽所有的社会问题，通过社会组织开展社会自制，是社会问题治理的一条重要的补充途径。各种社会组织如行业组织、社会专业组织、各种公益性组织等，在食品安全问题治理过程中及其治理之后，对其他相关社会问题的治理，在帮助弱势群体、补充社会救济、缓解社会矛盾等方面，都可以发挥重要的积极作用。这些社会组织的建立和功能完善，是市场经济下法制社会治理的重要补充。

然而，我国社会问题综合治理体系正在从以前计划经济时期的大包大揽过渡而来，在市场经济体系已经形成、法治社会正在建设的今天，我国的社会问题治理体系也正在发生变革，各种类型社会组织在逐步建立，社会组织管理、功能定位及其作用发挥都还在不断改进和完善中。因此，在我国社会食品安全及其相关社会问题治理过程中，社会自制体系的积极作用还没有得到充分发挥。

综上，我国食品安全法治体系、相关社会问题治理行政体系和社会自制体系都还在建设和完善过程中，在社会食品安全问题依法治理中尚不能充分发挥作用，这是我国社会处在不断改革进程中的重要特点，也应是我国特殊性食品安全问题存在的主要原因。

第九章
我国消费者食品安全满意率不高的原因

一般来说，消费者食品安全满意率与市场食品安全合格率呈正相关，即随着市场食品安全合格率持续、明显提高，消费者食品安全满意率也会随之提高。然而在今天我国特殊社会环境下，随着食品安全合格率持续、明显的提高，消费者食品安全满意率却并未随之而明显提高。可见除了食品安全合格率外，还存在一些别的因素影响消费者食品安全满意率的提升。

问题一，市场食品安全合格率越高，消费者买到非安全食品的风险一定越低？

问题二，消费者市场食品安全分辨力与其面临食品安全风险有什么关系？

问题三，消费者市场食品安全分辨力不高的主要原因是什么？

问题四，消费者更需求哪些食品安全信息？

第一节　食品安全满意率与食品安全状况之间的关系

一、满意/不满意是主观意识对客观现实的一种反应

“满意”还是“不满意”是一个心理学概念，描述的是人们对客观事物的一种主观心理感受，是客观事物在人们心里的一种主观反应。这种主观意

识反应是人们对客观事物的预期与感知做出比较后的结果，有满意和不满意两种基本状态。当人们对客观事物的感知与预期相符，会感到满意；当感知低于预期，人们就会感到不满意[66]。或者说，人们对客观事物的感知只要与预期相符，就会满意，否则会不满意。

可见，人们对客观事物感到满意还是不满意，并非直接取决于客观事物本身的状态，而是取决于人们对它的主观感知与预期的比较。

比如一个消费者要买一个甜度13度的西瓜，结果买到的西瓜甜度为12度，感知（12度）低于预期（13度），他不满意；如果他只期望买到一个甜度12度的西瓜，而买到的西瓜甜度为12度，感知（12度）与预期（12度）相符，他会满意。可见，这个消费者对买到的西瓜甜度满意还是不满意，并非直接取决于这个西瓜本身的客观甜度，而是与其对买到西瓜甜度的预期和感知的比较结果直接相关。

同理，食品安全状况是一个客观事物，消费者对食品安全状况满意与否，与食品安全客观状况并无直接关系，而是与消费者对食品安全客观状况的预期（期望）与感知比较的结果直接相关。比如消费者对一个市场食品安全合格率是期望值就是95%~96%，这个市场的食品安全合格率是94%，消费者不满意；若这个市场食品安全合格率达到96%，消费者满意；但如果消费者对这个市场食品安全合格率的期望值是97%，消费者对合格率实际达到96%的市场仍然不满意。

可见，消费者对客观食品安全状况感到满意还是不满意，并非直接取决于食品安全状况本身，而是由消费者对食品安全客观状况的感知与预期比较的结果直接决定的。

二、同样的食品安全状况可有不同的食品安全满意率

在这种主观意识对客观实际的反应过程中，客观事物是一定的，但主观反应会因不同的人，或相同的人在不同环境或心理状态下不同。消费者食品安全满意率不高，实际是指消费者对客观食品安全状况感知度与预期值比较不够高。这会有两种情况：消费者食品安全感知度更低，消费者食品安全状况期望值更高。

（一）消费者食品安全感知度更低

消费者食品安全感知度与食品安全客观状况的关系又可分为两种情况：一种情况是消费者感知度与客观状况一致；另一种情况是消费者感知偏离客观状况。

1. 消费者感知度与客观状况一致

这种情况是消费者正确感知了事物的客观状况，消费者的感知与真实客观状况一致。比如西瓜的实际甜度是 12 度，消费者感觉到西瓜的甜度就是 12 度。正确感知客观事物的消费者如果不满意，就是因为事物客观状况低于消费者预期。像正确感知了甜度 12 度西瓜一样，消费者如果不满意，就是因为 12 度的西瓜甜度低于消费者的预期值（比如 13 度）。

同理，当消费者掌握市场食品安全真实信息、正确感知了市场食品安全实际状况，如果消费者对市场食品安全状况不满意，原因就是市场食品安全实际状况（比如合格率 95%）低于消费者预期值（比如 96%）。

2. 消费者感知偏离客观状况

食物客观状况并非总是能真实的被人们感知到。比如像对同一个甜度 12 度的西瓜，不同消费者，或同一消费者在不同状态下对其甜度感知可能会有差别，有的会觉得其甜度是 11 度，有的会觉得是 13 度，消费者感知到的西瓜甜度偏离了西瓜的真实甜度。在消费者感知偏离事物客观真实情况下，消费者对客观事物的满意还是不满意就不仅与客观事物本身有关，还与消费者是否正确感到客观事物的真实状况有关。像消费者对实际甜度 12 度西瓜不满意，也可能是消费者对这个西瓜甜度的感知是 11 度，偏离了西瓜真实甜度，而他对西瓜的预期也是 12 度。

食品安全状况是多种因素构成的复杂情况，并非容易被客观地描述和被准确感知的。对同一种客观食品安全状况，不同的消费者，或同一消费者在不同的文化背景、生活环境、心理状态下，会有不一样的感受，其中一些感知会与食品安全真实状况偏离。

因此，消费者对客观食品安全状况感知度不高，除了客观状况不够好以外，也可能存在另一种情况，即并非客观状况不够好，而是消费者未能准确感知到实际更好的状况。反之亦然。

（二）消费者食品安全状况期望值更高

消费者食品安全满意率不高，除了因客观食品安全水平不够高导致消费者感知度低于期望外，还可能存在另一个原因：消费者对食品安全状况的期望值高于感知度。比如市场食品安全实际合格率为96%，消费者的预期值是97%，消费者对市场食品安全合格率不满意。

三、消费者食品安全满意度与食品安全客观状况关系归纳

如上所述，消费者食品安全满意率不仅与食品安全客观状况，还与消费者对客观食品安全状况的感知和预期密切相关。

（一）对实际食品安全状况感知正确

在消费者对食品安全客观状况能够正确感知（了解、认识）的情况下，对同一种食品安全实际状况，消费者会有满意或不满意的两种主观反应。

1. 满意

满意表明消费者对同一种食品安全状况的感知与预期相符，这又会有两种情况：①实际食品安全状况水平够高，消费者正确感知超过了较高的预期；②实际食品安全状况水平并不高，消费者正确感知超过了更低的预期。

2. 不满意

不满意表明消费者对同一种食品安全状况的感知低于预期，也会有两种情况：①实际食品安全状况水平不高，消费者正确感知低于不高的预期；②实际食品安全状况水平并不低，消费者正确感知低于更高的预期。

（二）感知偏离实际食品安全状况

在消费者感知偏离实际客观状况会有正和负两种偏离情况。正偏离指消费者感知高于食品安全状况实际水平，负偏离指感知低于食品安全状况实际水平。这两种感知偏离情况下，消费者也都会有满意和不满意两种主观反应。

1. 消费者对食品安全状况感知高于实际水平（正偏离）

正偏离情况下，消费者对同一种食品安全状况会有满意或不满意两种

反应。

（1）满意。①实际食品安全状况水平高，消费者正偏离感知超过了较高预期；②实际食品安全状况水平不高，消费者正偏离感知超过了不高的预期。

（2）不满意。①实际食品安全状况水平高，消费者正偏离感知还达不到更高的预期；②实际食品安全状况水平不高，消费者正偏离感知没达到不高的预期。

2. 消费者对食品安全状况感知低于实际水平（负偏离）

负偏离情况下，消费者对同一种食品安全状况也会有满意或不满意两种反应。

（1）满意。①实际食品安全状况水平高，消费者负偏离感知仍然超过了较高预期；②实际食品安全状况水平不高，消费者负偏离感知超过了不高的预期。

（2）不满意。①实际食品安全状况水平高，消费者负偏离感知低于更高的预期；②实际食品安全状况水平不高，消费者负偏离感知仍然低于不高的预期。

从上述可知，消费者对食品安全满意或不满意，是不同食品安全状况实际水平、消费者不同感知和不同预期三者之间的不同组合复杂关系。因此，当遇到消费者对食品安全状况满意或不满意时，不能简单地就判断是客观食品安全状况差的原因，需要具体分析消费者的感知和预期及其不同组合情况后，才能得出正确的判断。

第二节　我国消费者食品安全满意度不高的特殊性分析

我国消费者食品安全满意度不高的特殊性在于，在我国食品安全状况持续明显改善的情况下，消费者食品安全满意度却持续低迷。除了我国食品安全整体状况还有待进一步提高的原因外，还可以从下述角度寻找原因。

一、消费者对食品安全状况的感知低于预期

对整体水平持续明显改善的食品安全状况感到不满意，其原因会有下述

几方面原因。

（一）消费者感知偏离－不满意

消费者在合理的食品安全预期下，即使社会食品安全真实状况良好，如果这种食品安全客观状况得不到真实感知，消费者食品安全感知低于预期，会对现实食品安全状况感到不满意。

（二）消费者感知正确－不满意

在能够正确感知食品安全真实状况下，消费者也会因下述原因对整体良好的食品安全状况感到不满意。

1. 放大局部负面真实感知

（1）食品安全没有零风险。无论食品安全问题治理效果如何，都会发生食品安全问题。如果把真实发生的任何食品安全问题都看作社会整体食品安全问题，会导致消费者对食品安全状况的感知低于预期，感到不满意。

（2）我国存在特殊性食品安全问题。如上所述，一些食品安全故意违法行为，像故意违法使用农药、故意违法使用添加剂、无证食品生产经营等食品安全违法现象，确实在我国长期、普遍存在并得不到有效治理。如果消费者把对这类真实存在特殊性食品安全问题的真实感知当作对整体食品安全局面的感知，对我国食品安全整体状况的感知就会低于预期，感到不满意。

2. 消费者的食品安全预期出现偏离

虽然消费者真实感知了我国持续明显改善的食品安全整体状况，但是会因为预期的偏离而导致感知达不到预期而感到不满意。消费者对食品安全状况的预期会有过高和歧见两种偏离情况。

（1）消费者食品安全预期偏离社会综合客观条件（预期过高）。

如前所述，食品安全需求是消费者多种需求之一，满足消费者食品安全需求需要建立在相应的经济、政治、文化、科学技术等社会实际综合条件基础之上。满足消费者更高的食品安全需求，一方面需要建立在更高的社会综合条件基础上，达不到相应的社会基础条件，就满足不了消费者更高的食品安全需求；另一方面，满足消费者更高的食品安全需求需要付出更高的综合社会成本，导致社会满足消费者其他利益需求能力下降。如果消费者对食品安全需求预期脱离了社会现实基础条件，社会食品安全实际供给能力很难达到这种过高预期。

比如，大米中的镉含量在0.1mg/kg～0.4mg/kg范围内，含量越低食品安全风险越低。但是要实施大米镉含量食品安全标准时，镉含量越低意味着符合食品安全标准的大米越少、不符合标准的大米越多。对于大米产区来说，如果产区内土壤等生产环境限制，要生产镉含量低于0.4mg/kg大米都不容易的话，要实施更低镉含量大米食品安全标准，就只能大量减少该区域的大米产量。这样，本来的大米出产区会变成进货区，这一出一进除了会付出很大的经济成本外，接踵而来的是以大米种植为生的失业农民就业问题、民生问题以及由此产生的社会稳定问题。而对于非产区而言，制定大米镉含量标准就可以更多地注重食品安全风险，选择更低的镉含量标准。这除了可以降低大米镉食品安全风险，还能形成对来自大米出产国家的贸易技术壁垒，起到维护本国经济利益的作用。

因此，大米产区制定大米镉含量标准时，需要平衡多种复杂社会因素，选择一个最适合本区域的大米镉含量食品安全标准。比如日本是一个大米产量和消费量都较大的国家，保护和扶持本国大米生产传统是日本一项重要政策，因此日本大米镉含量食品安全标准定为0.4mg/kg，采用这一标准的国家还有马来西亚、巴西以及我国台湾地区[14]。而像俄罗斯、新西兰、澳大利亚等国不是大米产区，国内居民大米消费量也不高，因此选择了镉含量0.1mg/kg的大米食品安全标准。[14]

我国是一个大米生产和消费大国，我国大米镉含量食品安全标准是0.2mg/kg，与欧盟的标准一样[14]。这个标准对于我国多个大米产区，比如湖南省，已经是一个很高的标准，偶尔还会出现一些大米镉含量超标的食品安全问题。如果进一步提高食品安全标准、降低大米镉含量，比如也降低到与俄罗斯、澳大利亚一样的0.1mg/kg，就脱离了我国大米生产自然环境、经济和社会环境，需要付出较大的经济成本，带来一系列社会问题。如果消费者认为镉含量0.2mg/kg大米还不够安全，把镉含量更低作为自己对大米食品安全的期望值，这种过高的期望在我国现实社会食品安全问题治理环境下是很难得到满足的。

因此，如果食品安全期望偏离社会实际，期望过高，即使食品安全问题治理效率合理，并且社会食品安全真实状况得到了正确感知，消费者也会因感知低于期望而对现实食品安全状况不满意。

（2）食品安全歧见期望。

食品安全歧见期望指对食品安全概念含义的理解偏离了食品安全本身内涵，把不属于食品安全内涵的其他含义理解为食品安全，并以此歧见内涵作为对食品安全的期望。

如前所述，食品安全是指食品不能对人体健康造成任何损害。按照食品安全含义，只要对人体健康不会造成任何损害的食品都是安全食品，不管这种食品是通过什么方式生产，或者这种食品含有何种成分；反之，不管用什么方式生产的或含有什么成分的食品，只要对人体健康会有任何损害，都不是安全食品。而“原生态”食品、“有机”食品、“地理标志”、“无添加”食品等概念，其内涵本身是食品的生产方式，不是食品安全。这些方式可能生产出安全食品，也可能生产出不安全食品，符合这些定义食品的安全性本身是不确定的，需要依据食品安全概念才能判定其安全性。可见这些食品概念内涵更多的是一种生活方式或文化内涵，而非食品安全概念内涵；对这些概念食品的期望实质上是一种不同生活方式或文化的期望，并非是对食品安全性的期望。如果把对这些概念食品的期望当作对食品安全性的期望，就是在食品安全概念理解上出现了歧见，是一种食品安全歧见期望。

因此按照食品安全本身概念内涵，通过食品安全努力，也就无法令这些歧见期望得到满足。而把对这些概念食品的期望与对食品安全状况的感知作比较，即使食品安全状况良好并且得到正确感知，消费者也会因为感知不符合预期而不满意。

可见，即使在整体食品安全状况良好情况下，因为对特殊性食品安全问题的真实感知、对整体食品安全状况感知偏离、食品安全期望偏高和歧见，也都会导致消费者的食品安全满意度不高。

二、消费者食品安全信息需求与食品安全满意率

有效的食品安全信息能够帮助消费者提高市场食品安全辨别力，通过提高买到安全食品的概率降低食品安全风险。因此食品安全信息需求也是消费

者的一种食品安全需求，食品安全信息需求得不到满足也会降低消费者的食品安全满意率。

（一）消费者面临的食品安全风险与食品安全满意率直接相关

1. 消费者更关注自身直接面临的食品安全风险

食品安全问题对于消费者而言，更主要是一个自己直接面临的食品安全风险大小问题。因此，消费者对食品安全问题治理的关注，主要集中在对自身直接面临食品安全风险程度的高低上：所面临的食品安全风险越高，消费者的食品安全满意率自然越低；反之，随着面临的食品安全风险下降，消费者食品安全满意率会随之上升。

2. 消费者直接面临的食品安全风险主要是买到不安全食品的风险

在市场上买到不安全食品的风险越高，消费者直接面临的食品安全风险就越高，消费者对市场的食品安全满意率就会越低；反之，消费者买到不安全食品的风险越低，直接面临的食品安全风险就越低，则对市场食品安全满意率就会上升。

3. 市场食品安全合格率与消费者买到不安全食品风险呈反相关

市场上食品安全合格率越高，消费者买到不安全食品的风险越小，其所直接面临的食品安全风险就越小；反之，市场食品安全合格率越低，消费者直接面临食品安全风险则越高。

因此，通过依法打击非安全食品生产经营行为，降低消费者在市场上买到不安全食品的风险，是降低消费者直接面临食品安全风险的有效途径，也会是提高消费者食品安全满意率的一条有效途径。

（二）消费者市场食品安全辨别力与食品安全满意率的关系

消费者市场食品安全辨别力是指消费者在市场上购买食品时，能够自己分辨食品安全性的能力。

1. 消费者市场食品安全辨别力与食品安全满意率无关

只有在两种情况下，消费者市场食品安全满意率只取决于市场食品安全合格率，与消费者市场食品安全辨别力没有关系，一是市场食品安全合格率已经高于消费者预期值；二是消费者完全不具备市场食品安全分辨能力。

（1）消费者购买食品时不需要自己辨别食品安全性。

这种情况是市场食品安全合格率已经高于消费者预期（不安全食品出现率已经低于消费者可接受的程度），消费者不再为市场上买到不安全食品而担心，也就不需要在购买食品时辨别食品的安全性。

比如，消费者对市场非安全食品出现率的可接受程度是1%，当市场食品安全合格率达到或超过99%时，消费者面临的食品安全风险低于能接受的程度，就会对市场食品安全感到满意或很满意。这种情况下，食品安全满意率就只取决于市场食品安全合格率，与消费者分辨安全食品能力无关。

（2）消费者完全不具备市场食品安全分辨能力。

当消费者完全不具备市场食品安全分辨力时，买到非安全食品的风险就完全取决于市场食品安全合格率。

2. 消费者食品安全辨别力与食品安全满意率密切相关

在上述两种情况下，消费者食品安全满意率只与市场食品安全合格率相关。提高市场食品安全合格率，就能提高消费者食品安全满意率。然而，上述两种情况在我国并非常态：①市场食品安全合格率并未完全达到消费者要求，与广大消费者期望还存在一定差距；②消费者并非完全不具备市场食品安全辨别力，而是具备不同程度的市场食品安全辨别力。

因此，我国消费者面临食品安全风险，不仅与市场食品安全合格率有关，还与消费者市场食品安全辨别力有关。

（1）消费者具有完全分辨市场食品安全性的能力。

当消费者具有完全能够自己分辨食品安全性时，只要市场上存在安全食品，无论市场食品安全合格率高低，消费者能完全根据自己意愿和能力购买到符合自己需求的安全食品。就像市场上有红、黄两种颜色的水果，不管市场上红、黄水果所占比例多少，消费者完全可以分辨其颜色并按照自己意愿和能力买到自己需要颜色的水果。在这种情况下，消费者买到不安全食品的风险与市场食品安全合格率没有关系，其食品安全满意率与市场食品安全合格率也就没有关系。

当然，消费者完全具有自己分辨食品安全性能力是一种极端情况，更多的只是一种理论状态。

（2）消费者具有一定的市场食品安全分辨力。

虽然食品安全品质是一般消费者不能直接辨别的品质，但是消费者可以通过了解、掌握有助于分辨市场食品安全品质的相关真实信息，在购买食品时运用这些信息，在一定程度上具备食品安全辨别力。一般消费者都不同程度掌握一些市场食品安全信息，具备一定程度的市场食品安全辨别能力。这是一种常态。在这种常态下，消费者食品安全风险不仅与市场食品安全合格率有关，也与其市场食品安全辨别力有关。

（3）消费者食品安全辨别力与食品安全满意率的关系。

①消费者食品安全辨别力与买到安全食品概率呈正相关。

消费者食品安全辨别力与买到安全食品概率之间的关系可以用下式表示。

$$S = Q + C(1 - Q)$$

S——消费者实际买到安全食品的概率（%）；

Q——市场食品安全合格率（%）；

C——消费者市场食品安全辨别力（%）（100 件混合的安全与不安全食品中，分辨出其中安全食品的件数）。

由表 9－1 看出，在市场食品安全合格率不变（95%）的情况下，当消费者完全不具备市场食品安全辨别力时，其买到安全食品的概率与市场食品安全合格率相等；当消费者具有一定食品安全辨别力后，其买到安全食品的概率就会高于市场食品安全合格率，而且随着，消费者买到安全食品的概率随食品安全辨别力的提高而提升。

表 9－1　消费者食品安全分辨力与买到安全食品概率之间关系　单位：%

食品安全合格率（Q）	95				
消费者分辨力（C）	0	40	60	80	100
消费者买到安全食品概率（S）	95	97	98	99	100
消费者买到安全食品概率提高值（S－Q）	0	2	3	4	5

②消费者食品安全辨别力与食品安全满意度的关系。

因为消费者食品安全辨别力与购买到安全食品概率呈正相关，与消费者直接面临食品安全风险呈负相关；而消费者直接面临食品安全风险与食品安全满意度呈负相关。因此消费者食品安全辨别力与食品安全满意度呈正相关。

表 9－2 列出了消费者食品安全辨别力与食品安全满意度的关系。表

9－2以市场食品安全合格率为例，描述了消费者食品安全辨别力与食品安全满意度之间的关系。设定两个条件：①消费者能够有效感知市场真实食品安全合格率；②消费者市场食品安全合格率预期值98%。

在不同的市场食品安全合格率下，消费者食品安全辨别力与满意度之间关系可分为两种情况：

一是市场食品安全合格率达到或超过消费者预期值（≥98.0%）。这种情况下，市场食品安全合格率达到或超过消费者预期，消费者已经满意，与其是否具有食品安全辨别力或大小无关。

表9－2　消费者食品安全辨别力与食品安全满意度的关系　单位：%

食品安全合格率（Q）	消费者期望值	消费者分辨力（C）	消费者买到（感知）安全食品概率（S）	感知≥期望	食品安全满意状况
≥98.0	98.0	无关	≥98.0	是	满意
96.0	98.0	60	98.4	是	满意
		40	97.6	否	不满意
		0	96.0	否	不满意
92.0	98.0	80	98.4	是	满意
		60	96.8	否	不满意
		0	92.0	否	不满意
60.0	98.0	95	98.0	是	满意
		80	92.0	否	不满意
40.0	98.0	97	98.2	是	满意
		95	97.0	否	不满意
10.0	98.0	98	98.2	是	满意
		97	97.3	否	不满意
0.1	98.0	99	99.0	是	满意

二是市场食品安全合格率低于消费者预期值（<98.0%）。当市场食品安全合格率低于消费者预期，消费者满意或不满意不仅与市场食品安全合格率有关，也与市场食品安全辨别力有关。这又分两种情况：一种情况是消费

者完全不具备食品安全辨别力（0），消费者买到安全食品的概率完全取决于市场食品安全合格率。只要市场食品安全合格率低于预期，无论低多少（96%、60%或0.1%），消费者买到安全的概率都会低于预期，都不会满意。另一种情况是消费者具备一定的食品安全辨别力，可以帮助消费者提高买到安全食品的概率。具备一定辨别力的消费者买到安全食品的概率会高于市场食品安全合格率。比如市场食品合格率为92.0%时，有60%辨别力的消费者买到安全食品的概率为96.8%；市场合格率为96.0%时，有40%辨别力的消费者买到安全食品的概率为97.6%。

在同样的市场食品安全合格率下，随辨别力的提高，消费者买到安全食品的概率也不断提升，在达到足够的辨别力后，消费者买到安全食品的概率就会达到或超过预期值，令消费者满意。比如市场合格率为96.0%时，有60%辨别力的消费者买到安全食品的概率可达到98.4%；市场合格率为92.0%，有80%辨别力的消费者买到安全食品的概率也可以达到98.4%，都超过消费者预期值（98.0%），会令消费者满意。

从表9-2还看到，即使市场食品安全合格率低至10%以下，如果能够大幅度提高消费者辨别力至98%，消费者买到安全食品的概率可以达98.2%，达到或超过预期值（98.0%），还是可以令消费者满意。

可见，在同样的市场食品安全合格率下，提高消费者市场食品安全辨别力，也可以是降低消费者食品安全风险、提高食品安全满意率的一条路径。尤其在市场食品安全合格率达到一定高度，进一步提高市场食品安全合格率已很困难的情况下，辅以提高消费者食品安全辨别力的手段，对提高消费者食品安全满意率会是一条有效途径。

但是也需要看到，在较低的市场食品安全合格率下，如60%，消费者辨别力达到80%，买到安全食品的概率也才能达到92%，低于预期值；只有达到95%的辨别力，买到安全食品的概率才能达到98.0%，达到预期。在这种情况下，需要大幅度提高消费者的食品安全辨别力，才能有效提高买到安全食品概率达到消费者预期，这在实际过程中会比提高市场食品安全合格率更困难。

（三）消费者食品安全辨别力与食品安全有效信息

食品安全有效信息指数量足够、能有效提高消费者食品安全分辨力的信息。

如前所述，提高食品安全辨别力可以有效提高消费者买到安全食品概率，降低消费者直接面临的食品安全风险。要提高市场食品安全辨别力，消费者需要掌握足够的食品安全有效信息。消费者掌握的食品安全有效信息越充分，食品安全分辨力越强，买到非安全食品的风险就越低；反之，消费者缺乏足够的食品安全有效信息，就会增加买到非安全食品的风险，所面临的食品安全风险提高。

可见，满足消费者对有效食品安全信息的需求，提高消费者食品安全辨别能力，可以有效降低消费者面临的食品安全风险，增加消费者的食品安全满意率。反之，如果消费者的食品安全信息需求得不到满足，其所面临的食品安全风险就不能够得到预期的降低，食品安全满意率就很难提高。

可见，我国消费者食品安全满意率不高，不仅与市场食品安全合格率有关，也与满足消费者食品安全信息需求有关。或者说，影响消费者食品安全满意率因素是两个或其之一：市场食品安全合格率、消费者食品安全信息需求满足率。而非只是其中一个因素决定的。

综上，在我国食品安全整体状况持续明显改善的情况下，消费者食品安全满意率持续低迷的原因，除了食品安全整体状况还有待进一步提升外，消费者感知低于预期（对特殊性食品安全问题的真实感知、对整体食品安全状况感知偏离、食品安全期望偏高和歧见）、消费者食品安全信息需求未能得到有效满足，应该也是两方面重要的原因。

第三节　消费者食品安全不满意的明确指向

消费者食品安全满意率不高并不一定是指向所有各方面食品安全问题的。因为食品安全问题是一个综合复杂的问题，是由多个不同方面的问题组成。因此需要找出消费者满意率不高具体指向的食品安全问题，然后针对具体食品安全问题找出原因，根据具体原因提出针对性的应对措施，有效提高食品安全问题治理效率，才能有效提高消费者食品安全满意率。

一、我国特殊性食品安全问题长期得不到有效解决

从我们进行的一项调查研究数据看[67]（见图9－1），消费者最不满意的食品安全问题排序依次为假冒伪劣（21.24%）、添加剂滥用（16.81%）、“地沟油”（15.93%）、过期食品（14.16%）等。

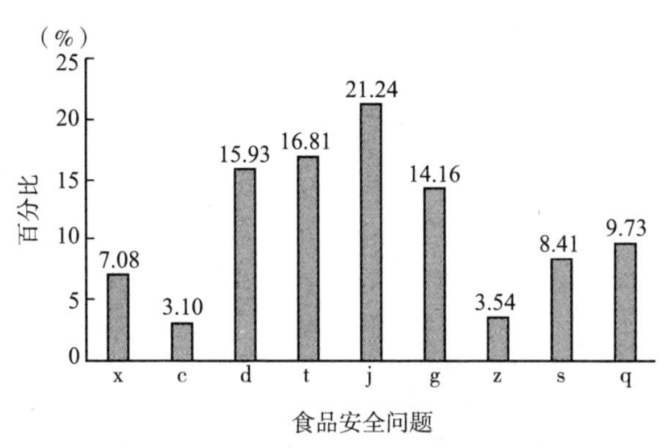

图9－1 消费者最不满意的食品安全问题[67]

注：x——小型非法企业；c——小餐饮；d——“地沟油”；t——添加剂；j——假冒伪劣；g——过期食品；z——转基因食品；s——政府监管；q——其他。

消费者这些最不满意的食品安全问题，主要集中在这些经济利益驱动的故意违法行为，属于特殊性食品安全问题。这些特殊性食品安全问题是消费者身边经常发生，并且长期得不到有效治理，是消费者食品安全满意率不高的一个明确指向。

二、消费者食品安全信息需求没能得到有效满足

（一）消费者食品安全辨别力与食品安全有效信息需求

食品安全有效信息指数量足够、能有效提高消费者食品安全分辨力的信息。

提高食品安全辨别力可以有效提高消费者买到安全食品概率，降低消费者直接面临的食品安全风险。要提高市场食品安全辨别力，消费者需要掌握

足够的食品安全有效信息。消费者掌握的食品安全有效信息越充分，食品安全分辨力越强，买到非安全食品的风险就越低；反之，消费者缺乏足够的食品安全有效信息，就会增加买到非安全食品的风险，所面临的食品安全风险提高。

我们的一项调查研究表明（见图9－2）[68]，消费者最期望掌握的食品安全信息排列顺序如下：分辨非安全食品知识（23.69%）、产品食品安全信息（20.31%）、企业生产经营信息（19.38%）、食品安全监管信息（15.61%）、食品安全科学知识（12.19%）、食品安全法规知识（8.08%）和其他食品安全信息（0.73%）。

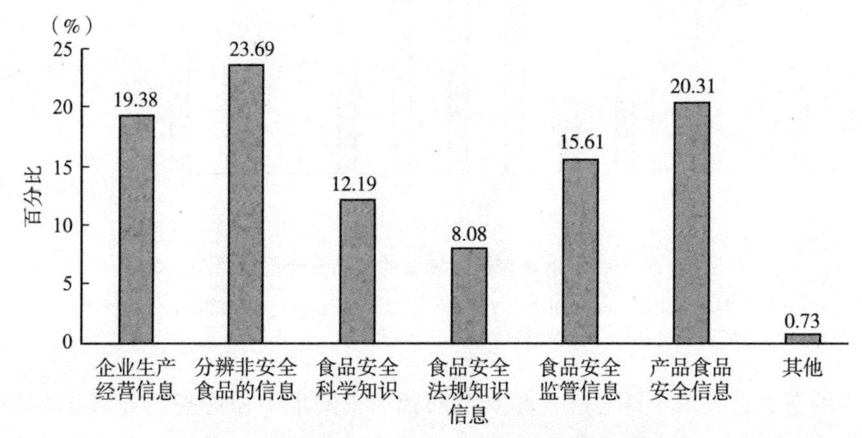

图9－2　消费者最期望获取的食品安全信息[68]

从图9－2看出，“分辨非安全食品知识”排在消费者食品安全信息需求第一位，随之的产品食品安全信息、企业生产经营信息和食品安全监管信息都是直接有助于提高消费者市场食品安全分辨能力的信息；而对于一般食品安全科学知识、食品安全法律法规知识及其他食品安全信息，在消费者食品安全信息需求中排在次要位置。这也说明，一般消费者对食品安全的关系更多地在于对自己买到不安全食品风险的关心，自然会把能够提升自己食品安全辨别力、降低自身食品安全风险的信息需求放在更优先和重要的位置。

可见，掌握食品安全有效信息是消费者食品安全信息需求的重点和核心。

（二）消费者的食品安全信息需求尚未得到有效满足

如上所述，消费者对食品安全信息需求的重点是能够有效提升食品安全辨别力的信息，或称消费者有效食品安全信息。而在食品安全信息供给中，消费者的这种食品安全信息需求没能得到有效满足。这包括两方面：供给的食品安全信息不能满足消费者需求；消费者对食品安全信息来源信任度不够高。

1. 供给的食品安全信息不能满足消费者需求

这些年来，各级政府职能部门、各种相关团体开展了大量的食品安全宣传工作，每年的“食品安全宣传周”都是轰轰烈烈，向消费者提供了大量食品安全信息。但从这些大量提供的食品安全信息看，主要内容都是一般食品安全科学技术知识和食品安全法律法规知识这两方面信息，对于直接提高消费者市场食品安全辨别力帮助不大，与消费者优先和重点的食品安全信息需求存在一定差距。

2. 消费者对食品安全信息来源信任度不够高

由于食品安全信息属于信誉信息，虽然针对性的供给食品安全有效信息内容很重要，但消费者对食品安全信息来源的信任度同样重要。如果消费者对信息提供者缺乏足够信任，即使提供了真实、正确信息，也不能让消费者有效接受，所供给的食品安全信息仍然不能满足需求。

我们的一项调查研究显示[59]，媒体和政府机构是消费者获得食品安全信息的主要来源是媒体（负面信息 61.4%，正面信息 42.7%）和政府机构（负面信息 17.3%，正面信息 25.3%），二者合共占据消费者获得正面信息的 68% 和负面信息的 78.7%；从第三方机构、企业及其他渠道获得食品安全信息都相对较少（见图 9－3）。

当问及被调查者对这些来源食品安全信息是否信任时，表示“怀疑”的超过一半（正面信息 54.6%，负面信息 53.3%）；其次是“不好说”（正面信息 26.8%，负面信息 20.0%）；明确表示“很相信”（正面信息 12.0%，负面信息 21.3%）和“不相信”（正面信息 6.6%，负面信息 5.4%）的被调查者都不多（见图 9－4）。结果显示，对上述渠道来源的食品安全信息内容，无论是正面或负面信息，消费者的信任度都不高。

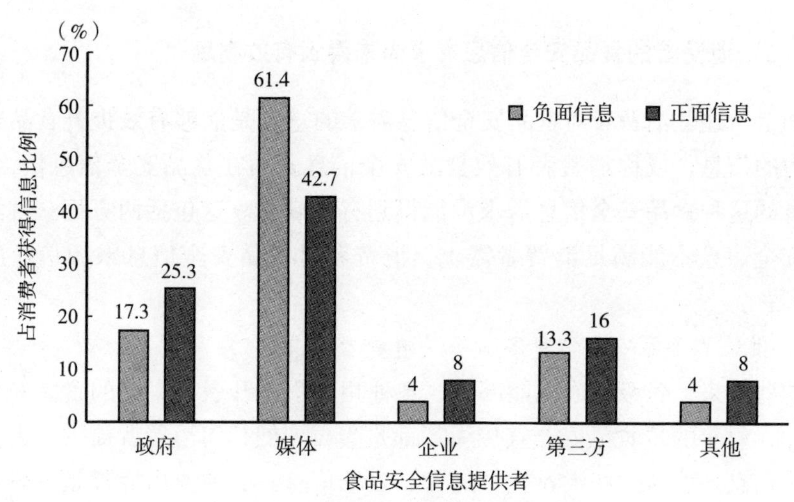

图9-3 消费者食品安全信息来源[54]

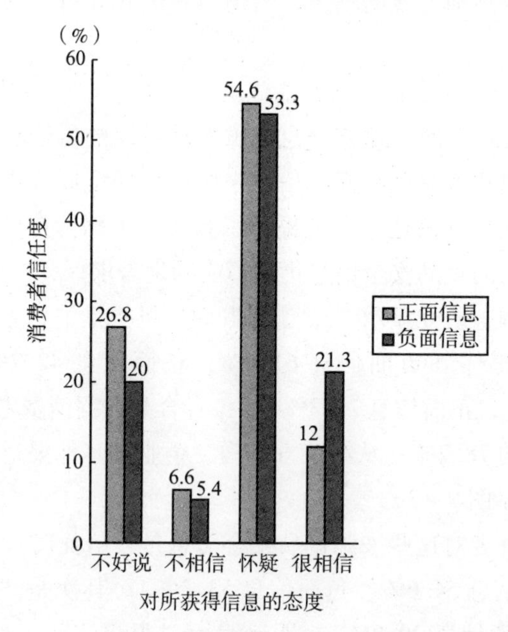

图9-4 消费者对获得食品安全信息的信任程度[59]

而当问及对上述媒体、政府机构为主构成的食品安全信息渠道是否满意时，超过半数的被调查者表示不满意和很不满意（51.02%），表示满意的仅有 6.12%，无人表示很满意（见图 9－5）。

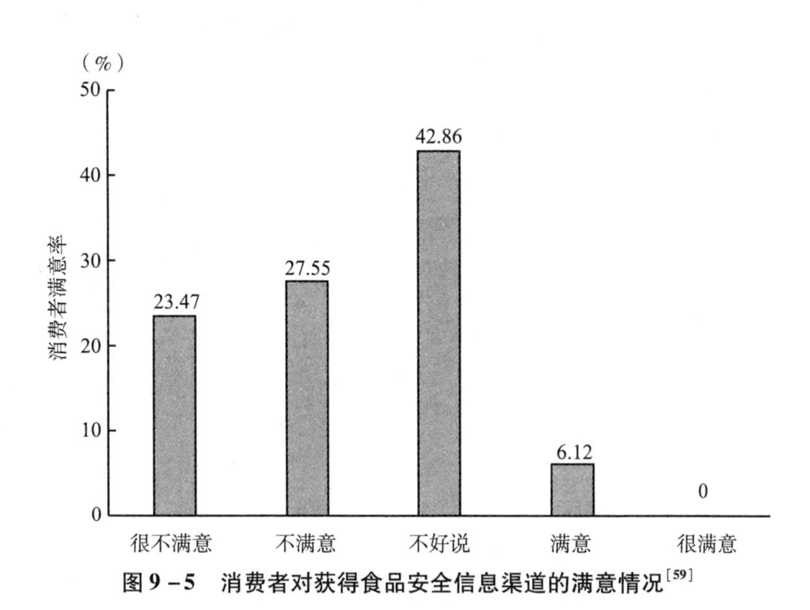

图 9－5 消费者对获得食品安全信息渠道的满意情况[59]

我们的调查结果显示，目前消费者获得食品安全信息的来源主要是媒体、政府职能部门和企业。消费者对获得市场食品安全信息的这几个主要来源缺乏足够信任，不能有效满足消费者对食品安全真实信息的需求。

可见，我国存在长期得不到有效解决的食品安全问题的特殊性，及我国消费者食品安全满意率不高有两个明确的指向：一是长期得不到有效治理的特殊性食品安全问题；二是针对性食品安全信息需求没能得到有效满足。

第四节 误读“消费者食品安全满意率”的负面效应

如上所述，消费者食品安全满意率不高是食品安全客观状况、消费者食品安全状况感知和食品安全状况预期三个方面相互影响、复杂组合的结果，并非单一因素直接决定的。如果只看到或过分强调其中一个因素，会导致对消费者食品安全满意率原因的误读，不利于我国食品安全问题的有效治理。

一、把食品安全满意率当作反映食品安全状况的客观指标

（一）用消费者满意率反映食品安全客观状况

食品安全满意率是消费者对食品安全客观状况的主观认识，直接反映的是消费者的主观认识，并非直接反映食品安全客观状况。影响消费者主观认识的因素很多，因此消费者对同一食品安全客观状况的满意率会有很大幅度的变化。消费者的主观性、相对性很强，影响满意率调查结果的主观因素很多。如果没有认识到这点，会把一些食品安全满意率调查结果当作食品安全状况的客观反映，导致不能对食品安全问题治理状况和治理效果进行正确判断，进而影响对提高食品安全问题治理效率措施的正确选择。

（二）只注重或过分强调改善食品安全客观状况对提高消费者满意率的影响

如果只看到食品安全客观状况对消费者满意率的影响，会认为消费者食品安全满意率不高，就是因为食品安全客观状况不好，只有努力改善食品安全状况，才能提高消费者食品安全满意率。或者，只要改善了食品安全状况，就能提高消费者食品安全满意率。在这种认识下，会片面依赖通过努力提高食品安全问题治理效率来提高消费者满意率，而忽略了消费者对食品安全问题治理实际效果的认识（感知），以及消费者对食品安全问题治理效果的预期，成为食品安全状况明显改善而消费者满意率却得不到明显提升的一个重要原因。

二、忽略消费者食品安全状况感知和预期对满意率的重要作用

（一）对消费者正确感知食品安全真实状况帮助不够

食品安全问题治理是一个复杂社会问题的治理，对其治理效果的感知也并非一个简单而直接的过程。要使消费者对食品安全问题治理效果

有一个真实、正确而全面的了解、理解和认识，是一项复杂而专业性很强工作。如果认为食品安全问题治理工作做好了，消费者自然就能感知到这些工作效果，就会忽略或不够重视帮助消费者了解、认识这些食品安全问题治理工作的效果，虽然食品安全实际状况明显改善了，却没能被消费者正确感知和认识，导致消费者对食品安全客观状况的感知低于预期，感到不满意。

（二）对帮助消费者建立食品安全理性预期缺乏认识

消费者的食品安全不满意感是对食品安全状况的感知低于预期的心理感受。要让感知达到或超过预期，一方面需要帮助消费者真实感知食品安全客观状况，另一方面帮助消费者建立食品安全理性预期也很重要。如果没有认识到这点，就会忽略消费者理性预期对食品安全满意率的重要影响，影响社会食品安全问题治理效率的提高。

1. 对非理性偏高预期负面作用认识不足

在与消费者进行食品安全信息交流过程中，过多传递危害因素的食品安全风险，对所传递信息使消费者产生偏高预期的可能性及其负面作用认识不足。

比如关于盐酸特伦克洛（瘦肉精）含量的食品安全风险，如果过多传递猪肉中高含量瘦肉精的食品安全风险，缺乏对低含量下瘦肉精对人体健康并无不利影响和在其他方面积极作用信息的有效传递，会让消费者认为瘦肉精百害无一利，产生猪肉瘦肉精零含量的预期。在我国现实的食品生产、市场和监管条件下，对于猪肉瘦肉精零含量的限制，不仅对降低食品安全风险没有什么作用，还会增加猪肉生产成本，并明显增加食品安全监管成本和困难，导致瘦肉精零含量限制监管难度大、效率低，难以满足消费者瘦肉精零含量预期，令消费者不满意。

2. 对消费者食品安全歧见预期及其负面作用缺乏认识

理性的食品安全预期应该是建立在对食品安全概念内涵正确理解基础上的。如果对食品安全概念内涵的理解出现歧见，并在此基础上建立的食品安全歧见预期，而满足这种歧见预期并非食品安全途径所能，导致消费者对食品安全问题治理效果的不满意。

比如，如果消费者认为“原生态”“有机”“零添加”等食品不同生产方式概念当作食品安全概念理解，是对食品安全概念的歧义理解，而由此建立起“原生态”“有机”“零添加”等食品“更安全”的预期是一种歧见预期，通过食品安全途径努力不能满足这种歧见预期，导致消费者对食品安全治理状况的不满意。

第十章
消费者食品安全真实信息需求未得到满足的原因

食品安全信息需求未能得到有效满足是消费者食品安全满意率不高的一个重要方面。消费者所需要的是可信赖的真实食品安全信息，包括真实的正面食品安全信息或负面食品安全信息，包括来自主流信息渠道或非主流信息渠道。

一方面，非主流渠道供给的负面和非真实食品安全信息过多，是消费者真实食品安全信息需求得不到有效满足的一个重要原因。另一方面，如果主流渠道供给的真实食品安全信息充分、有效，消费者的食品安全真实信息需求（包括正面和负面信息）就能够得到满足，对非主流渠道食品安全信息来源的需求就会大大减少，非主流渠道供给的负面和非真实信息对消费者的影响就会大大降低。

问题一，消费者只对正面食品安全信息有需求？还是只对真实食品安全信息有需求？

问题二，真实食品安全信息都是正面信息？负面食品安全信息都是虚假信息？

问题三，为什么负面食品安全信息多来自非主流渠道？

第一节　食品安全信息分类

正如食品安全问题是一个复杂的复合问题一样，食品安全信息也是一类复杂的复合信息。因此，有必要先对这些复杂的食品安全信息种类进行分类，并明确其定义。这样一方面便于展开对复杂食品安全信息的更细致描述和深入分析，另一方面分类过程本身，也可以帮助我们加深对不同类别食品安全信息的理解。

食品安全信息大致可以分为主流、非主流、真实、虚假、正面、负面等不同类型，这些不同类型食品安全信息可以相互组合，形成更为复杂的食品安全信息种类。

一、正面或负面食品安全信息

按信息内容反映的是食品安全问题的治理成绩还是其存在的问题，可把社会食品安全信息分为正面食品安全信息和负面食品安全信息。

（1）正面食品安全信息指反映食品安全问题治理成绩的食品安全信息，比如食品安全检测结果合格率高、发生食品安全事故少、食品安全违法行为受到有效控制等内容的食品安全信息。

（2）负面食品安全信息指反映食品安全问题治理存在问题的食品安全信息，比如食品安全违法行未得到有效控制、不合格食品、食品安全事件等内容的食品安全信息。

二、真实与虚假食品安全信息

按食品安全信息的真实性划分，可以分为完全真实或虚假、真实性程度不同两类。

（一）完全真实或虚假食品安全信息

1. 完全真实食品安全信息

来源真实、信息准确的食品安全信息，真实地反映食品安全问题治理客观情况。

真实食品安全信息可以是正面食品安全信息，真实反映食品安全问题治理成绩；也可以是负面食品安全信息，真实反映食品安全问题治理存在的问题。

2. 完全虚假食品安全信息

夸大、编造信息内容与实际食品安全问题治理情况不符的食品安全信息。

虚假食品安全信息可以是负面信息，虚假反映食品安全问题治理存在的问题；也可以是正面信息，虚假反映食品安全问题治理的成绩。

（二）真实性程度不同的食品安全信息

在完全真实和完全虚假信息之间，更多的是一大类真实性或虚假性程度不同的食品安全信息，按其真实性或虚假性程度高低大致可分为基本真实或基本虚假两大类。

（1）基本真实食品安全信息：食品安全信息主要或关键内容真实，但存在部分偏离真实的内容。

（2）基本虚假食品安全信息：食品安全信息虽然部分内容真实，但主要或关键内容与食品安全问题治理实际情况不符。

三、故意与非故意虚假食品安全信息

按照虚假信息的故意性可以分为故意或非故意虚假食品信息。

（一）故意虚假食品安全信息

故意虚假食品安全信息指为某种目的而明知故犯，可以是故意夸大、歪曲，也会是无中生有、故意编造食品安全信息。

（二）非故意虚假食品信息

非故意虚假食品安全信息也可理解为无知之假，其作假非故意，为不知者为之，可能是以假当真，也会是道听途说、人云亦云。

虽然故意或非故意虚假食品安全信息传播行为有明显不同的动机，但在实际过程中经常会很难区分这两类行为。

比如传播“食品添加剂不安全”的虚假信息，可能是某“有机食品”商为打压食品添加而提高“无添加”的“有机食品”市场地位，明知虚假而故意提供和传播这一信息；但也不能排除该商家并不知道或理解合法食品添加是安全的这一知识的可能，只是人云亦云而已。

四、主流或非主流（渠道）食品安全信息

按照食品安全信息传播渠道不同，又可分为主流（渠道）食品安全信息，非主流（渠道）食品安全信息。

（一）主流（渠道）食品安全信息

主流渠道：大众信息传播主流渠道，如政府组织、社会权威机构等直接控制、运作的大众信息传播渠道，一般以主流报纸、电台、电视台等传统媒体为主。

主流食品安全信息：通过主流渠道传播的食品安全信息。

（二）非主流（渠道）食品安全信息

非主流渠道：指政府组织、社会权威机构等之外的社会非主流团体、个人运作的“小众”信息传播渠道，一般以互联网、移动互联网等新媒体为主，也包括一些非主流报纸、杂志等。

非主流食品安全信息：通过非主流渠道传播的食品安全信息。

主流食品安全信息内容可以是真实的信息，也会有真实度不够的信息；非主流食品安全信息有虚假或基本虚假信息，也存在基本真实或真实信息。

从上述食品安全信息分类的过程看出，所谓正面或负面、真实或虚假、主流或非主流食品安全信息之间可以有任意的相互组合，比如，有主流—正面—真实的食品安全信息，非主流—负面—虚假的食品安全信息；也会有主流—负面—真实的食品安全信息，非主流—正面—真实的食品安全信息；也存在主流—正面—虚假的食品安全信息，非主流—负面—真实的食品安全信息等。

因此，在分析食品安全信息时，不能简单地只根据食品安全信息渠道、正面或负面信息判定其真实与虚假，也不能因为信息的真实或虚假而判断其信息是正面或负面及来源渠道是主流或非主流；应该具体问题具体分析、一

一切分、就事论事，才能从复杂的食品安全信息中分析得出正确结论。

另外，“谣言”这个词汉语词典中指“没有事实依据的消息”，在日常用语中“谣言”带有明显贬义。在食品安全学术研究中，“食品安全谣言”可以与“虚假食品安全信息”对应，可以指：①虚假、负面、非主流的食品安全信息，也可以指虚假、正面、主流食品安全信息，还可以指虚假、负面、主流食品安全信息，虚假、正面、非主流食品安全信息；②故意虚假食品安全信息，非故意虚假食品安全信息；③虚假程度不同的食品安全信息，可包含基本真实、部分虚假的食品安全信息，基本虚假部分真实的食品安全信息。这些复杂的虚假食品安全信息类别细分，很难用“谣言”一词准确区分和界定。因此，在严肃的食品安全学术研究中，应谨慎使用“食品安全谣言”一词替代“食品安全虚假信息”。

可见，食品安全信息并非真相与谣言、正面与负面那么简单和容易区分，还存在着多种复杂的组合，需要对具体信息内容进行具体分析，才能去伪存真，获得所需要的真实食品安全信息。

第二节　非主流食品安全信息影响过大

消费者食品安全信息需求得不到有效满足的一个重要原因，是非主流食品安全信息影响过大。

一、非主流食品安全信息渠道多样

（一）非主流食品安全信息来源混杂

非主流食品安全信息来源“鱼龙混杂”，有道听途说的，有妄加揣测的，有随意编造的，有居心叵测的，也有有根有据的。

（二）非主流食品安全信息传播形式多样

非主流食品安全信息的传播方式也是花样百出、生动活泼以吸引眼球。

（三）非主流食品安全信息传播渠道多种

非主流信息传播主要依靠非主流媒体，传播渠道以各种新媒体为主，如互联网、短信、微信、QQ，也有 Facebook、Twitter 等，传播渠道各式各样。

二、非主流食品安全信息内容混乱

（一）非主流食品安全信息真伪难辨

非主流食品安全信息传播内容复杂多样、信息量大，传播内容虚虚实实、真真假假，消费者很难辨别其真伪，会以假为真，也可能把真当假。

（二）非主流食品安全信息量大

非主流食品安全信息不仅传播内容和方式多样，由于传播渠道的多样、传播方式便捷和传播主体数量大，消费者接收到非主流食品安全信息的数量也很大。

第三节　主流食品安全真实信息提供不足

主流食品安全信息是满足消费者食品安全信息需求的主渠道。主流渠道提供食品安全真实信息不足，是消费者食品安全信息需求得不到满足的一个重要原因。

主流食品安全信息提供不足表现在三个方面：提供的食品安全信息针对性不强，主流食品安全信息提供有效性不足，消费者对食品安全信息提供者信任度不够。

一、提供的食品安全信息针对性不强

（一）食品安全宣传内容过于宽泛

各级政府、相关团体开展了大量的食品安全宣传工作。但所提供大多是

宽泛的食品安全科学技术和法律法规知识信息。

（二）监管部门发布信息缺乏针对性

监管部门发布的食品安全信息主要有两方面内容：一方面是政府食品安全监管工作及其取得成效；另一方面是正面食品安全检测、监测结果信息。监管部门很少提供负面食品安全信息，且所提供负面信息内容较为简单。

二、主流信息提供有效性不足

（一）主流信息提供渠道有限

我国对消费者的主流食品安全信息提供者主要限于政府食品安全监管职能部门及其网站，其他渠道主流信息来源非常有限。

（二）主流信息传播方式有限

我国食品安全主流信息的传播渠道主要限于主流媒体，以主流报纸、电视和电台为主，传播渠道有限。主流渠道传播主流食品安全信息的方式也比较简单或刻板。

（三）主流食品安全信息传递有效性不足

1. 主流信息提供和传递及时性不足

消费者对食品安全信息的需求是随食品安全社会环境、市场环境的变化而变化的；而政府职能部门是按计划时间向社会提供食品安全信息，并不能保证信息提供与传播时间与消费者产生需求的时间吻合，经常会出现消费者需要的食品安全信息提供和传递滞后的现象。

2. 主流食品安全信息充分性不足

消费者对市场食品安全信息的需求主要源于自身的食品消费需求，这种食品安全信息需求不仅内容多样，而且随环境变化发生变化。政府职能部门依规程、按计划向社会提供和传播食品安全信息，以不变应万变，很难满足消费者对市场食品安全信息多样性和充分性需求。

三、消费者对食品安全信息来源信任度不够高

目前我国食品安全信息的主要提供者是政府职能部门、媒体和企业。调查结果显示，消费者对这些食品安全信息提供源缺乏足够的信任。

（一）企业自身提供食品安全信息

食品安全信息是一种信誉信息。信誉信息提供者与其所提供信息内容的利益关系直接影响其可信任度。企业提供食品安全信息与自身利益直接关联，因此消费者对企业提供自身食品安全信息缺乏信任。

（二）媒体

食品安全信息也是一种专业信息。媒体是信息传递的专业机构，缺乏足够的食品安全专业性。因此，由于媒体缺乏对所提供食品安全信息真实性判断的专业能力，消费者对媒体提供食品安全信息也缺乏信任。事实上，媒体也传播了不少专业性不够的食品安全信息。

（三）政府职能部门

目前我国食品安全监管体系下，企业食品安全生产经营行为表现好坏，与当地政府及其职能部门的食品安全监管工作成绩大小直接挂钩。这种企业行为与政府工作成绩直接关联的机制，在加强地方政府食品安全监管责任的同时，也留下了职能部门“报喜不报忧”的可能性。

又由于市场主流食品安全信息的主要限于政府职能部门，其他渠道并不通畅，加上经常出现个别地方确有其事的“报喜不报忧”例子，会降低消费者对主流食品安全信息来源的信任度。

可见，由于主流食品安全信息提供存在的问题：提供食品安全信息针对性不强；提供食品安全信息的有效性不高；消费者对食品安全信息提供者信任度不够，还不能满足消费者的食品安全信息需求。

第四节 非主流食品安全信息影响过大的原因分析

非主流食品安全信息影响过大的原因可能有三方面：第一，主流食品安全信息影响不足；第二，社会利益多元化；第三，社会价值多样化信息传递渠道的大众化、便捷化。

一、主流食品安全信息影响不足

主流食品安全信息影响不足，给非主流食品安全信息传播留下了空间。

（一）主流食品安全信息传播内容及其有效性不足

如上所述，主流食品安全信息内容单一、传播渠道有限、传播的及时性和传播方式等方面都存在明显不足，满足不了消费者对食品安全信息充分、多样、及时的需求，为非主流食品安全信息的传播留下了大片空间。

（二）主流食品安全信息中负面真实内容不足

消费者对食品安全信息的需求不仅包括正面的真实内容，也包括对负面的真实内容。

主流食品安全信息中负面内容相对不足，不能满足消费者对食品安全负面真实信息的需求，这为非主流负面食品安全混乱信息留下传播空间，这也是非主流食品安全信息以负面内容为主的一个重要原因。

（三）主流食品安全信息提供权威性有限

由于消费者对主流食品安全信息来源的信任度不够，为非主流食品安全信息的传播提供了可乘之机。

二、社会利益多元化和社会价值多样化的负面影响

（一）社会利益多元化

改革开放之后，我国社会结构发生了很大变化，社会不同群体之间的利益差异化变大，而且随着改革进程不断深化，不同群体之间利益差异也在不断扩大和表面化。

食品安全信息相关各方的利益差异也在扩大和表面化，比如食品生产经营者、监管者、媒体和消费者之间存在不同利益，在各方内部各群体之间也产生利益差异。比如消费者内，低收入群体与高收入群体间；食品生产者内的农产品生产和食品加工企业间；监管者不同职能部门间；媒体内主流与非主流及新、旧媒体间；都存在不同利益诉求。这种利益差异化会对不同群体食品安全信息传递的动机、目的和态度产生影响，为鱼龙混杂、花样百出的非主流食品安全信息传播提供土壤。

（二）社会价值多样化

我国今天处在一个全方位改革的时代。改革必然导致社会价值观的改变和重塑，也即是我国今天社会价值体系正处于一个改变和重塑的过程，一个全社会高度认同的价值体系建立尚未完成。

在这样一个社会时期，不同的社会群体、不同的社会个体拥有不同价值观的可能性很大，呈现社会价值的多样性现象，有人甚至称这种价值多样性现象为社会价值/道德“滑坡”。这为非主流食品安全信息传播提供了一定的社会道德基础。

三、信息传递渠道的大众化、便捷化

互联网、移动互联网技术的广泛应用，实现了公众信息传播渠道的大众化和便捷化。今天，只要拥有一台电脑或一部手机，无论何时何地，人人都可以是公众信息的提供者和传播者。

这种公众信息传播的大众化和便利化，为非主流食品安全信息传播提供了便利条件，也为控制食品安全虚假信息传播增加了难度。

可见，主流食品安全信息影响力不足，社会利益多元化和社会价值多样化，信息传递渠道的大众化、便捷化，是导致我国非主流食品安全信息影响力过大的主要原因。其中，主流食品安全信息影响力不足应是主要原因。因为：①信息传递渠道的大众化、便捷化能为非主流食品安全信息传递提供条件，更能为主流食品安全信息传播提供便利；②在社会利益多元化和社会价值多样化的社会，更需要主流价值发挥引领作用、需要主流食品安全信息发挥主流影响力。

因此，努力提高主流食品安全信息传播的社会影响力，是有效限制非主流食品安全信息传播的社会影响的首要或关键的任务。

第四篇 我国特殊性食品安全问题治理对策

我国的食品安全问题包括一般性和特殊性两类。我国在一般性食品安全问题治理方面已经做了大量工作，并已取得了巨大成效。然而，我国在特殊性食品安全问题治理方面还存在许多障碍，治理效率有待进一步提高。因此我国食品安全问题治理在继续巩固一般性食品安全问题治理同时有必要更加重视和加大力度治理特殊性食品安全问题。

我国食品安全问题治理特殊性主要有两方面：一方面是加强特殊性食品安全问题治理；另一方面是在持续明显改善的食品安全局面下，有效提升长期低迷的消费者食品安全满意率。

第十一章
加强特殊性食品安全问题依法治理

加强依法打击是治理任何食品安全问题的一条有效途径。然而在我国特殊社会环境下，如何通过加强依法打击来治理特殊性食品安全问题，这不仅是一个简单加大打击力度的问题。

问题一，我国食品安全问题应该加强全面治理还是应该加强重点治理？

问题二，只有提高打击力度才能有效提高食品安全问题依法治理效率？

问题三，“有法必依、执法必严”应该是道德规范还是法律规定？

问题四，使用暴力是不是文明执法？

问题五，“乞丐”犯法是否应与“富翁”同罪？

第一节　加强特殊性食品安全问题治理

长期普遍存在的故意违法食品安全问题，是今天我国存在的特殊性食品安全问题。

特殊性食品安全问题一方面加大了我国整体食品安全风险，更重要的是特殊性食品安全问题的长期存在，造成了提高我国食品安全问题治理效率的重要障碍，同时也是消费者食品安全满意率难以提高的一个重要原因。

一、明确特殊性食品安全问题是治理重点

长期以来，我国食品安全问题治理在整体上不断加大力度，一次次开展了各种专项整治，重拳打击治理老百姓关注的热点问题。然而，由于对特殊性食品安全问题及其危害认识不足，尚未对特殊性食品安全问题治理给予足够重视，治理措施的针对性和执行力度都仍需加强。

要进一步提高我国食品安全问题治理效率，有必要对我国特殊性食品安全问题治理给予足够的重视，在食品安全问题全面治理中，针对性强地加大特殊性食品安全问题治理力度，以促进食品安全问题治理整体效率的进一步提高。

二、明确重点治理对象

我国特殊性食品安全问题几乎都发生在小微食品生产经营单位。长期以来，我国不断加大打击力度的食品安全问题治理模式更注重的是大小企业一视同仁的全面治理。在一次次的“专项整治”“重拳出击”的全面打击中，常常会有非法小单位打不着，继续逍遥法外；而守法大企业躲不开，增加管理负担，因此特殊性食品安全问题治理效果大打折扣。

因此，我国的食品安全问题全面治理，应该高度重视提高特殊性食品安全问题治理效率，并明确特殊性食品安全问题治理重点对象是小微食品生产经营单位。

第二节　完善食品安全法律、法规体系

我国食品安全法治体系还在不断完善中，要提高依法打击食品安全非法行为效率，必须加快完善食品安全治理法律、法规体系步伐，包括健全法律、法规体系，完善法律、法规条款，建立针对监管者法律、法规体系等几方面。

一、健全法律、法规体系

我国现有的食品安全治理法律、法规体系还在不断完善中，现有食品安全法律、法规体系还不够健全，包括纵向、横向关联法律、法规之间，都还存在不少漏洞。要提高依法打击效率，必须及时发现和努力弥补这些法律、法规漏洞。

二、调整法律打击力度，提高依法打击效率

违法成本过低，是故意违法者继续做出违法行为的直接原因。违法成本低，包括法律惩罚严苛程度不足和依法惩罚的严密程度不够两种原因。

（一）“治乱用重典”——加大依法打击力度

在法律得到有效实施的情况下，食品安全违法行为还得不到有效的阻止，其主要原因就是对违法行为的惩处力度不够。在这种情况下，加大法律的惩处力度，应是阻止食品安全故意违法行为的首要选项。

比如，对于实施2000元罚款的食品安全违法行为若不能得到有效控制，如果惩罚力度提高到5万元，对该违法行为的控制效果必然明显提升。

（二）加大法律的实施效率——“法不在严（苛）而在严（密）”

“法不在严（苛）而在严（密）”，指的是法律的最佳治理效果是建立在法律严密实施的基础上。包括两层含义：一是只有严密实施的法律才能发挥最大的法制效果；二是过于严苛的法律会因过高的实施成本而降低其实施效率，降低法制效果。

违法成本低有两方面原因：有效实施的法律惩处力度过低（不够严苛），足够惩处力度的法律未能得到有效实施（不够严密）。因此，当遇到依法不能有效组织食品安全违法行为时，需要根据具体情况做出判断：如果是法律、法规有效实施而不能阻止违法行为，完善法律体系的重点应该是加大法律、法规惩处力度；而如果是法律、法规未能的到有效实施，则应该首先分析未

能得到有效实施的原因。其中，法律、法规过于严苛、执法成本过高也是影响法律、法规有效实施的一个重要因素。

如果是因法律、法规过于严苛而得不到有效实施，导致违法行为得不到有效控制，这种情况下要加大食品安全问题治理力度的要点非但不应是继续加大法律惩罚的严苛程度，而是需要适当降低惩罚力度以保证法律条款得到有效实施，才能保证法律的惩罚效率。

比如，一种罚款 2 万元的违法行为得不到有效控制，如果其原因是这条法律没有得到有效实施，提高对该违法行为依法治理效率措施的首选不应该是加大罚款力度，而是分析找出该条法律未能得到有效实施的原因。如果该条 2 万元罚款法律条款是因处罚过重而未能得到有效实施，适当降低罚款会是提高法律实施效率的有效途径。

可见，提高法律实施的严密性、有效性，才是提高食品安全问题依法治理效率的基础。

（三）努力做到实质上“一视同仁”

“一视同仁”是法制的一条基本原则。然而，“一视同仁”非“一刀切”。不同规模、不同类型的企业的食品安全风险不同、执法成本不同。如果以相同的法律尺度治理不同企业的食品安全行为，表面实现了“一视同仁”，实质上是一种区别对待。

比如对于规模大小不同的两类企业：危害风险不同，治理成本不同，实质上的“一视同仁”，应该是适当的区别对待。

1. 危害风险不同

大规模食品企业：食品产量大、消费者覆盖面大，食品安全非法行为危害风险更高。小微规模食品生产经营单位：食品产量小、消费者覆盖面窄，同样的食品安全非法行为产生的危害风险明显低于大规模企业。

因此，同样的法律、法规，如果能够有效治理小微单位食品安全问题，用于治理大规模企业同样的食品安全问题，其治理效果可能会明显降低；如果适合于有效治理大规模企业食品安全问题，用于治理小微单位同样食品安全问题，可能会因治理成本过高而降低该法律、法规实施的有效性，从而降低治理效果。

可见，同样的法律、法规用于不同规模企业，会产生明显不同的食品安全问题治理效果。

2. 治理成本不同

达到同样治理效果，需要选择成本更低的依法治理措施。

依法治理食品安全问题的成本包括两方面：治理过程本身耗费的资源（人财物）和治理食品安全问题带来的社会问题治理成本。要取得同样的食品安全问题治理效果，小微企业在资源耗费和社会成本两方面都明显高于大规模企业。

综上，治理不同类型企业食品安全问题，应该充分考虑食品安全风险控制效果和食品安全问题治理成本因素，针对不同食品安全风险和执法成本，量身定制各自合适的法律、法规条文，才能取得最佳的依法治理效果。

三、完善对监管者的监管法律、法规体系

（一）“有法必依、执法必严”是法治基础

法律、法规的治理效果只能在有效实施的基础上才能产生。如果有法不依、执法不严，再好的法律、法规体系都不能发挥应有的法治效用。

（二）执法者首先应受到法律监管

对执法者的法律监督包括两方面：

1. 执法过程守法

在依法治理食品安全问题过程中，监管行为不能超出相关法律规定的范围。比如依法该罚款两千元，不能罚两万元。

2. “有法必依、执法必严”应是监管者的法律责任

“有法必依、执法必严”不仅应是对执法者的道德要求，也应是执法者的法律责任。

（三）完善对执法者的依法监管措施

“有法不依、执法不严”不仅是一种不道德行为，也是执法者的一种非

法行为。现有的法律、法规体系也有对执法者非法行为的内容，但对这些法律、法规的实施尚缺乏明确、细致的规定，比如，谁来立这个法？谁来执这个法？怎么执这个法？在这几个问题得到明确解答和解决之前，“有法必依、执法必严”还更多的是一种道德要求，而非严格的法律规定。

可见，完善监管执法者的法律、法规体系是“有法必依、执法必严”的法律保证，是完善依法监管的法律基础。

第三节　加强全社会法治意识建设

法治和德治是社会治理的两大方面。有效的法律体系是建立在相应的社会法治环境基础之上，与相应的社会法治意识相适应。

历史上，我国社会长期倚重德治，法治精神不突出，法治氛围不浓厚。尤其在改革开放前的几十年里，社会法治氛围和法制观念更是十分淡泊。改革开放后，依法治国成为我国治国方略。近年来，我国法治建设的步伐逐渐加快。随着我国法治社会建设步伐的加快，社会法治意识建设步伐也在同步加快。

然而，今天我国社会的法治意识建设步伐明显滞后于法律体系建设步伐，人们的社会治理意识中潜藏着许多非法治观念，对提高我国现有法律、法规的社会治理效率，对加快我国法治社会建设步伐，都是一个很大的障碍。

一、正确看待和对待非依法治理

我国社会正处在由过去的非法治社会向法治社会的改革进程中。如何看待和对待法制建设与非依法治理之间的关系，对稳步推进我国法治建设有重要意义。

（一）适当的法律途径外治理措施是法治体系建设过程必要的补充

依法治理的目的是提高社会问题治理效率。由于改革的原因，现有法律、法规体系存在较多漏洞且不能够及时完善，在这种情况下，适当辅以法律手段以外的措施来加强食品安全问题治理，对于及时有效的缓解亟须解决的社会问题，是一种必要的补充和救济手段。

如果一味地排斥必要的法律途径外手段，可能导致一些紧迫和严重的食品安全问题得不到及时和有效解决，会明显降低食品安全问题治理效率，削弱人们对法制建设的信心，不利于加快食品安全法治建设步伐。

（二）法律途径外治理措施对法治建设有阻碍作用

由于我国社会正在经历由非依法治理向依法治理的改革进程中，人们需要改变旧的非依法治理习惯，建立新的依法治理习惯，这是一个困难过程。如果我们不积极努力地改变这种非依法治理的习惯，不是在需要救济的情况下才采取法律途径外手段，不是逐渐减少这种手段的使用，而是把法律途径外的治理与依法治理当成了同样的有效治理手段，习惯性地使用、甚至过分依赖法律途径外手段，就会阻碍食品安全法律体系的建设。

二、全面理解“法律面前人人平等”

（一）“法律面前人人平等”是一项重要法制原则

在法律面前只有两种人：违法者和非违法者，最多还有嫌疑违法者（非违法者），此外再无其他人。比如，在法律面前，不应存在富人或穷人，官员或百姓，强者或弱者等的区别，违法者都必须接受同样的处罚。

（二）“法律面前人人平等”包括两方面

1. “刑不上大夫”

我国长期的封建社会历史中，达官贵人犯法不与庶民同罪的现象普遍。社会和统治者都认识到这并非合理的法制行为，人们期望“皇子犯法与庶民同罪”的法制社会。然而，在那样的社会体系下，这种不平等的非法制弊端始终得不到有效解决。

2. “刑不上庶民”

“人人平等”不能因“大夫”而上，因“庶民”而上也不是“人人平等”。

新中国成立后，人民当家做主，政府成为为人民服务的政府，法律成为为人民服务的法律。经过这么多年，“达官、贵人”犯法与庶民同罪的观念已经深入民心。然而，在这一过程中，似乎忽略了一种“刑上庶民”的非法制潜意识的萌生。

可见，“法律面前人人平等”，即指：“官员与百姓同罪”“老板与打工仔同罪”，也指：“百姓与官员同罪”“打工仔与老板同罪”。否则，存在任一种偏颇，都不符合法治精神，都是法治意识不强的表现。

三、需要认识和接受德与法的长和短

德与法是社会治理不可或缺的两个方面。德与法各有所长、各有所短，二者必须相互配合、互补长短，才能充分发挥各自的作用，实现社会的有效治理。在谈论德与法的相互配合之前，首先需要分清德与法的概念和两者之间的关系。否则容易混淆了德与法的概念，分不清二者的关系，德与法的互相配合也就无从谈起，德与法的作用就很难充分发挥，甚至相互掣肘，降低德与法的社会治理效果。我们在决定采用道德或法律作为治理社会食品安全问题措施时，应同时接受其长处和短处。

（一）德与法相通

德与法都是通过对人们行为的规范，保持社会的有序运行，以实现社会整体利益的最大化。德与法的社会作用都是相同的——维护社会秩序；德治与法治的目的是相同的——实现社会整体利益最大化。

（二）德与法是相互的延伸

德与法的关系首先是情与理的关系，德重情，法讲理。德先法后：先有德后有法，法建立在德的基础上，是德的延伸。

然而，德重情，情出自理，但不重理；法讲理，理源于情，但不讲情。

（三）德“柔”与法“刚”

1. 德似水柔——弹性自律

（1）弹性作用。道德对个人行为的约束有很大的弹性空间，每个人可以根据自身的情况，在很大范围内从众多道德条款中选择适合自己的那一款。

（2）自我约束。德治对个人行为的规范，是通过社会情理的影响，实现对个人行为的自律。受道德影响采取或改变个人行为，是一种非强制性的、自愿的行为。

（3）灵活多变。道德是人们共同价值观的一种反映。当人们对某一事物形成某种程度的共同认识，就可以作为一种道德尺度用作衡量和评价个人行为，发挥道德对社会中个人行为的规范作用。

2. 法似钢强——刚性他律

（1）刚性十足。法律的作用只能在法律条文列明的概念、定义范围，不能有丝毫的超出，尽量降低“自由裁量空间”是拟定法律条文的一项重要原则。

基于法律条文的任何判断必须以证据为依据。

（2）强制他律。法律对个人行为的规范作用是一种来自外部的强制性力量，是在道德的自愿自律作用失效后发生的。法律的实施就是强力限制个人违法行为。“文明执法”应是依法强力限制个人违法行为。

（3）稳定性强。法律的建立和修改都必须经过法定程序。在完成法定程序修改之前，法律条文的法律意义不变。

可见，德治和法治各自具有相互不可替代的特点，各有所长、各有所短，在社会治理中各自发挥独特作用。在治理社会具体问题选择德治或法治时，必须看清德治和法治各自的特点。不能因为法之所长忘了其所短，也不能因其所短而放弃其所长。当我们选择依法治理食品安全问题时，看到了法治之所长；同时，我们必须看到并接受法治之所短。

第十二章
提高我国食品安全信息交流效率的路径

社会食品安全信息有效交流不足，是在持续明显改善的食品安全局面下消费者满意率不高的一个重要原因。因此提高食品安全信息交流效率，是提高这种状况下消费者食品安全满意率的一条重要途径，也是进一步提高食品安全问题治理效率的一条有效途径。

策略交流（strategic communication）是近年来在社会信息交流领域较有影响力的理论范式。按照策略交流理论，如何有效地开展食品安全信息交流，需要依次弄清下述几个问题。首先是开展食品安全信息交流的目的，其次是交流什么内容、谁来主导交流，最后才是如何有效地开展交流。

问题一，开展食品安全信息交流工作的目的是什么？

问题二，我们在食品安全信息交流中应该加强正面信息传播、减少负面信息传播？

问题三，我们应该向消费者传播所有真实食品安全信息？

问题四，虚假食品安全信息传播行为都应受到依法打击？

第一节　明确目的是基础

目的性强是策略交流的重要特点。有效的食品安全信息交流工作必须建立在明确的目的基础上，因为目的明确了，确定食品安全信息交流主体、交流内容和交流方式才有正确依据。

而且，明确了食品安全信息交流目的，才能明确食品安全信息交流工作的起点、重点和终点。

一、满足消费者需求应是食品安全信息交流目的

在食品安全信息交流中，消费者、食品企业和政府监管者是直接相关三方。对于政府监管者而言，建设人民满意政府、一切工作让人民满意是我国政府的最终目的，我国社会食品安全问题治理的目的就是满足人民群众的食品安全需求，而食品安全信息交流是食品安全问题治理工作中重要的部分；对于食品企业来说，其一切生产经营行为，都是为了满足消费者需求，因为消费者只愿购买能满足自己需求的食品。

因此，无论是企业还是政府，开展食品安全信息交流的目的，自然应该是满足消费者（人民群众）食品安全信息需求。

二、食品安全信息交流工作应从了解消费者需求开始

目的是满足消费者需求的食品安全信息交流工作，在确定食品安全信息交流内容之前，自然需要先了解消费者具体的食品安全需求内容，根据消费者需求特点目的性强的开展食品安全信息交流。

像其他消费者需求一样，消费者食品安全信息需求是一个复杂、多样和变化的，要正确了解、掌握消费者食品安全需求特点并非简单的事情，需要在深入、细致的调查研究基础上，正确把握的机会才大。比如，消费者对食品安全信息内容需求的具体特点，不同人群对食品安全信息内容需求差别，消费者对所需求食品安全信息内容的需求程度、急迫程度，消费者会与食品安全信息需求的关系等，对这些问题有了明确答案，我们才能目的明确、针对性强地开展食品安全信息交流工作，提高食品安全信息交流效率。否则，食品安全信息交流效果就会大打折扣。

三、满足消费者需求才是一项食品安全信息工作的终点

如果我们开展食品安全信息交流的目的是满足消费者需求，即使我们目

的明确、针对性强地开展了食品安全信息交流工作，并不表示食品安全信息交流工作就到此为止，因为消费者的食品安全信息需求是否已经得到满足尚还是一个未知数。因此，我们食品安全信息交流是否已经满足消费者需求、满足消费者需求的程度、对消费者食品购买行为的影响等信息的收集、了解和分析，是以满足消费者需求（为人民服务）为目的的食品安全信息交流过程的又一不可或缺的重要环节。

这一环节工作的意义在于两方面：及时调整已开展食品安全信息交流工作；为新一轮食品安全信息交流工作提供基础。

第二节　交流内容是关键

在明确了食品安全信息交流目的是满足消费者信息需求后，确定信息交流内容是满足消费者食品安全信息需求的关键。社会食品安全问题是一个复杂的复合问题，食品安全信息涉及很多个学科领域，包含信息种类和数量都十分庞杂。因此，在开展以满足消费者需求为目的的食品安全信息交流之前，需要根据消费者需求特点，从庞杂的信息中选择、确定适合于消费者需求的食品安全信息。

基于我国食品安全整体状况持续明显改善、消费者食品安全满意率持续低迷的现实背景，下述三个方面信息应是食品安全信息交流的重点内容。

一、交流有助于消费者正确感知食品安全客观状况的信息

对客观食品安全整体局面缺乏正确感知，是消费者食品安全满意率不高的原因之一。

（一）交流食品安全整体局面细分信息

虽然我国食品安全整体局面持续明显改善，但一定也存在好与不好的不同方面，有的方面改善明显，有的方面改善不明显，有的问题依然严重。如果只是笼统的从整体上认识，更多看到存在问题的一面，并混之为对整体食

品安全局面的感知，“一叶障目”，导致对我国食品安全整体局面的感知偏低于客观状况。

如前所述，把我国食品安全问题按照性质、企业类型等细分后，可以呈现一个更细致、清晰的食品安全问题治理局面：大中型企业食品安全风险控制力持续明显提升，所提供食品占市场食品总量比例绝大多数并继续扩大，这部分总量很大的食品保障了市场食品安全风险得到有效控制，很少发生食品安全问题，而且发生的食品安全问题一般都属于非故意行为。而长期得不到有效治理的故意违法食品安全问题几乎都是小微企业和非法单位所为，这些小微单位所提供食品占市场食品总量比例很小，对整体市场食品安全风险的直接影响并不大。这种细分对消费者更真实感知我国食品安全整体局面有积极的帮助作用。

比如食品安全整体合格率 97.6% 是大小企业食品安全合格率平均信息，即不能反映合格率更高的大型企业更好状况，也不能反映合格率更低的小微企业更不好状况。如果在提供 97.6% 总体合格率时，再提供大型企业更高的食品安全合格率及其市场总量、小型企业食品安全合格率及其市场总量等细分信息，能帮助消费者对持续明显改善的总体食品安全局面有更真实和正确的感知。

（二）交流食品安全问题治理效果对比成效信息

食品安全是相对的，食品安全问题治理效果评价也是相对的。我们今天的食品安全问题治理成效需要在与昨天对比、与别人对比情况下才能够更正确的感知。

1. 从纵向比较

与过去比较，我国食品安全总体状况有了很大改观。比如我国食品安全合格率从 1985 年的 71.3%[19] 持续上升到 2017 年的 97.6%[33]，32 年间提高了 26.3 个百分点，成效斐然。

2. 横向比较

与其他国家比较，与发达国家比较看到存在差距的同时，也要与发展中国家比较看到我们的成绩。

（三）交流食品安全问题治理面临困难和努力过程信息

今天食品安全问题治理成效的感知与对取得这一成效努力程度的了解有关。了解食品安全问题治理过程遇到的实际困难和付出的大量努力，对取得成效来之不易才会有更深入的认识，有助于对今天食品安全客观状况的正确感知。

1. 我国食品安全问题治理困难环境信息

改革开放以来，我国社会一直处在不断发展、不断变革的过程中。保持社会快速发展与有效治理快速发展社会产生的各种问题之间的平衡实非易事，这一过程一定会遇到种种问题和困难，而且这些问题和困难具有与社会改革、快速发展密切相关的特殊性，在长期稳定社会中一般很少遇到，因此又很难从其他地方学习和借鉴有效的治理之策。比如，我国特殊性食品安全问题治理，很难从法制健全、发展速度和社会相对稳定的发达国家直接学习和借鉴有效治理经验，更需要自身在变革中、前进中边治边试边改进。

2. 我国食品安全问题治理所付出努力信息

我国食品安全问题治理受到党和国家的高度重视，各级政府为食品安全问题治理付出巨大努力和成本。

总之，充分交流我国食品安全问题治理的特殊性、治理过程遇到困难和付出的大量努力的真实信息，对帮助广大消费者正确感知今天食品安全客观状况有重要作用。

（四）交流食品安全问题治理存在不足的信息

任何社会食品安全问题治理效果都必然存在成效和问题两个方面，对食品安全客观状况的正确感知也应该包括对成效和问题两方面的正确感知。因此，有效的食品安全信息交流应该包括正面和负面两方面真实信息交流，才能帮助消费者对食品安全客观状况建立起完整、真实和正确的感知。

二、交流有助于消费者建立食品安全理性预期的信息

消费者食品安全满意状态是对食品安全状况感知与预期的比较结果。除

了正确感知食品安全客观状况外，理性预期对消费者食品安全满意状态有同样甚至重要的影响。如果消费者的预期脱离了现实状况或偏离了食品安全内涵，通过现实状态下食品安全问题治理努力很难或不能满足这种非理性预期，也就很难或不能令消费者满意。因此进行食品安全理性预期信息交流，有助于消费者建立食品安全理性预期。

（一）交流食品安全性判断依据信息

食品安全预期首先不要偏离了食品安全性范畴，否则会形成食品安全歧见预期，既非食品安全性内容的“食品安全”非理性预期。食品安全性判断依据的正确理解，是建立食品安全理性预期、避免出现食品安全歧见预期的理论基础。因此需要开展食品安全性判断依据和法律依据（标准）两方面信息交流。

比如把具体食品生产方式（如“有机”方式）、食品生产生态、文化环境概念（如“地理标志”）等，当作一种食品安全性的判断依据，建立起这类生产方式生产食品更安全的歧见预期，形成非这类“安全”方式生产食品不够安全或不安全的感知，导致对食品安全状况感知低于预期，降低食品安全满意程度。

在我国社会存在这类食品安全性判断依据的歧见理解的现象较为普遍，不仅在基层社会，而且在一些食品安全高层管理部门和专家中，都存在相当程度这类食品安全性判断依据歧见。因此非常有必要开展这方面食品安全信息交流，在充分的意见表达和信息交流中，形成清楚的共识，才能为进一步有效开展食品安全信息交流提供基本认识基础。

（二）交流食品安全成本信息

一定的食品安全保障水平需要建立在一定的社会条件基础上，并且需要付出相应的社会成本作为代价的。如果不认识到这一点，会认为食品安全保障水平越高越好，形成脱离现实社会实际状况的食品安全偏高预期，在现实科技、经济、政治等社会环境条件下很难或不能满足这种非理性预期。因此有必要开展食品安全成本信息交流，帮助消费者了解、认识食品安全成本信息，有助于形成符合现实社会条件的食品安全理性预期。

三、有助于消费者提高食品安全辨别力的信息

普通消费者对社会食品安全的关心更主要是关心自己直接面临的食品安全风险，或者自己买到不安全食品的风险。如前所述，在消费者感知的市场食品安全合格率达到或超过预期值之前，提高食品安全辨别力可以有效降低消费者买到不安全食品的风险。因此开展市场食品安全辨别力信息交流，有助于消费者提高食品安全辨别力、降低买到不安全食品风险。

有助于消费者在市场购买食品时提高食品安全辨别力的信息主要包括食品安全感官品质知识、食品包装及标签食品安全信息和食品提供企业食品安全保障水平信息几个方面。由于我国市场上食品安全问题食品多以经济利益驱动故意造假（EMA）食品形式出现，掌握食品提供企业食品安全诚信和保障能力信息，可以更有效的帮助消费者提高食品安全辨别力、降低买到不安全食品风险。

第三节　多方协力是保障

一、多方角色配合才能有效发挥食品安全信息交流作用

（一）有效食品安全信息交流需要社会多方角色配合

以满足消费者食品安全信息需求为目的的食品安全信息交流，是一项复杂的社会工程，包括向消费者传递食品安全信息和反馈消费者的食品安全信息需求两个过程，至少直接涉及食品安全监管者、食品企业、相关专业组织、大众传媒、消费者等五方面角色。其中，消费者是食品安全信息交流服务对象，监管者、企业和专业组织从不同角度提供不同类型的食品安全信息，通过传媒把这些不同的食品安全信息传递给广大消费者，同时消费者的食品安全感知、预期信息也需要反馈、传递给相关各方。只有各方角色能够充分发

挥作用，才能有效发挥食品安全信息交流作用，达到满足消费者食品安全信息需求的目的。

（二）需要可信赖度高＋专业水平高者担任“主角”

在以满足消费者需求为目的食品安全信息交流，虽然有多方协同参与，并不等于各方发挥作用都一样。由于食品安全信息交流效果取决于消费者对食品安全信息的接受程度，直接向消费者提供信息的“角色”在整个食品安全信息交流中发挥主要作用，是以满足消费者需求为目的食品安全信息交流中的“主角”。

由于食品安全信息是一项信誉、专业复合信息，消费者对食品安全信息的接受，很大程度取决于对信息提供者身份可信赖度及其专业水平高低的判断。一般来说，同样内容信息提供者可信赖度与专业水平不同组合，对同样接收者的接受程度顺序如下，可信赖度高＋专业水平高者＞可信赖度高＋专业水平不高者＞可信赖度不高＋专业水平高者≥可信赖度不高＋专业水平不高者。

可见，在食品安全信息交流直接相关各方中，向消费者直接提供信息的“主角”，应该由可信赖度高＋专业水平高者承担，才能更充分地发挥食品安全信息交流作用，更有效地满足消费者食品安全信息需求。

二、各方角色特点分析

（一）政府职能部门

1. 主要特点

（1）长处。

具有保障公民食品安全、依法打击食品安全违法行为的职责、义务（包括满足公民食品安全信息需求）；具有履行这些职责、义务所需的资源和公权。

（2）难处。

①政府职能部门是食品安全问题治理直接责任人。食品安全问题治理效

果直接反映政府职能部门监管工作效果，并与其利益相关。在向消费者传递食品安全问题治理工作信息时，由于是自己的工作职责，职能部门与其所提供信息内容之间因存在一定利益关联，其身份的公正性会受到影响，提供正面信息会有“报喜不报忧”之嫌，提供负面信息也有“避重就轻”之嫌，从而影响消费者对其所提供食品安全信息的信赖程度和接受程度。

②专业能力相对欠缺。政府食品安全职能部门主要履行和熟悉食品安全行政依法监管工作，相对于涉及多个领域更深层次专业学术问题，政府职能部门缺乏更广泛和深入的研究和理解认识。

③人力资源相对缺乏。限于我国现有的食品安全管理行政体制和监管模式，相对于繁重而庞杂的食品安全监管任务，人力资源总量上已很紧缺。

2. 独特作用

（1）利用公共资源组织、支持社会食品安全信息交流。

（2）指导、监督社会食品安全信息交流活动在有利于社会大众利益的轨道上开展。

（二）食品企业及其组织

1. 主要特点

（1）长处。企业直接从事具体食品的生产经营，充分掌握实际生产经营过程具体食品安全信息，对相关食品安全信息交流有明确需求，并具有支撑这些信息交流的足够财力资源。

（2）难处。企业是食品安全问题的直接当事方，食品安全信息交流内容与企业利益直接关联。由企业自己向消费者传递食品安全信息，缺乏提供信誉信息的公正性基础，犹如“王婆卖瓜”。由于利益关系，企业不会主动向消费者传递自身负面食品安全信息；即使企业自己传递的正面食品安全信息是真实的，也会因“王婆卖瓜”之嫌而受质疑。

2. 独特作用

（1）食品企业及其组织在食品安全信息交流中是重要的直接当事方，可以为专业学术组织提供食品生产经营过程具体、翔实的食品安全信息。

（2）满足消费者需求的安全食品是由诚信守法企业提供的，帮助诚信守法企业向消费者传递其真实食品安全信息，是满足消费者需求食品安全信息交流的重要内容。

（三）大众传媒组织

1. 主要特点

（1）长处。①具有食品安全信息广泛传播渠道和能力。②与食品企业和政府监管部门没有直接利益关系，具有一定的传递食品安全信息公正性基础。

（2）难处。①缺乏足够的食品安全专业知识和能力，影响对其所传播食品安全信息真实、正确性的评价和判断，导致“误传”“误报”风险增加。②主流媒体是其主管政府部门的直接下属，需要发挥其“喉舌”作用，在传播当地企业食品安全信息时，其公正性会受到一定影响。

2. 独特作用

在食品安全真实信息广泛传播过程中发挥重要的“扩音器”“传声筒”作用。

（四）专业学术组织

1. 主要特点

（1）长处。①有公正性基础。与食品企业没有直接利益关系，具有传递企业食品安全信息的公正性基础；保持与政府食品安全监管职能部门之间的独立性，具有传递政府食品安全监管信息的公正性基础。②专业能力强。食品安全信息交流涉及多个专业学术领域，这些不同领域的专业组织具有足够的专业能力，是保障正确判断和传递食品安全真实信息的基础。

（2）难处。缺乏有效开展食品安全信息交流所需政策、资金和传播渠道等资源，这些必要资源都需依赖其他各方提供。

2. 独特作用

食品安全学术组织由于具有公正和专业的特点，向消费者提供食品安全信息具有可信赖度高和正确性高的“双高”，可以有效提升消费者对食品安全信息的接受和信任度，从而有效提高食品安全信息交流效果。

（五）消费者

1. 主要特点

（1）长处。消费者是食品安全信息交流其他各方共同服务和帮助的一方，整体社会力量强大。

（2）难处。分散的消费者有形形色色的需求，在食品安全信息交流中处于被动接受地位。

2. 独特作用

消费者的食品安全信息具体需求和反馈为食品安全信息交流奠定基础和提供导向；消费者对食品安全状况的真实感知和建立食品安全的理性预期，是食品信息交流追求的目标，也是食品安全信息交流效果评价的指标。

可见，在社会食品安全信息交流过程中，政府职能部门、企业及其组织、媒体、学术专业组织和消费者各方，一方面各有所长、各有所短，另一方面各方又可互补长短。因此，有效开展食品安全信息交流，需要各方一起参与，各自发挥各方所长、互补各自所短，才能有效提高与广大消费者的食品安全信息交流效果；缺少任何一方的努力，食品安全信息交流效果都会大打折扣。

三、社会食品安全信息交流平台——多方协力交流模式建议

上述分析使我们认识到，开展食品安全信息交流需要社会各相关方一起参与、各自发挥独特作用的重要性，为有效开展食品安全信息交流提供了正确的认识基础。建立一个容纳各方声音充分交流的社会食品安全信息交流平台，是一个能够使相关各方都能积极参与到食品安全信息交流中来，并充分发挥各自独特作用的具体形式。

（一）社会食品安全信息交流平台主要功能

平台要有效的开展社会食品安全信息交流，首先需要确定平台的基本功能。社会食品安全信息交流平台的主要功能应是“一进”“一出”。

“一进”指汇聚各方充分交流信息。把社会各种不同代表性观点、意见、见解汇聚一起，充分讨论、争论、交流，求同存异。

“一出”指向外输出公正、专业食品安全真实信息。在汇聚各方不同信息并经过充分交流基础上，分析、归纳形成公正、专业的平台食品安全信息，选择适当内容、形式和时机向社会输出这些食品安全信息。

（二）平台交流需要来自各方的声音

参与平台交流的信息不仅应该来自食品安全相关各方，还需涵盖各各方不同层次和领域。

1. 学术组织及个人

食品安全科学技术信息是社会食品安全信息的重要部分，但消费者食品安全信息需求还包含更广泛的内容。因此食品安全信息交流不仅要有来自食品安全科学技术不同专业领域的声音，来自其他食品安全相关学术领域的声音同样重要，比如食品安全信息社会传播领域，食品安全法律领域，食品安全伦理、道德领域，食品安全经济领域，食品安全心理学、食品安全管理、政治等领域的专业学术声音，对充分、有效的食品安全信息交流都有重要意义。

2. 政府职能部门

不仅有来自食品、农产品安全监管职能部门的声音，也需要来自一级政府以及卫生、质监、工商、公安等相关职能部门的声音；不仅有来自高层政府及其职能部门声音，也需要有来自基层政府及其职能部门的声音。

3. 传媒组织

信息传播组织承担食品安全信息社会传播的重任，来自各种传播组织的各种声音对提高食品安全信息交流效率和效果有十分重要的作用。有效的食品安全信息交流不仅需要来自主流、传统媒体的声音，来自非主流、新媒体的声音同样重要。

4. 企业

大型企业是市场食品的主要提供者，来自不同种类食品大型企业的声音很重要。虽然小微食品生产经营单位提供食品市场份额不大，但小微单位食品生产经营行为对我国食品安全整体局面有重要影响，来自他们的不同声音有助于对食品安全整体局面的客观认识。

5. 消费者及其“意见领袖”

充分有效的食品安全信息交流不能少了来自消费者或其“意见领袖”的不同声音。尤其对于以满足消费者需求为目的的食品安全信息交流，来自消费者角度不同声音的充分表达有更重要意义，只有在充分了解消费者不同食品安全信息需求的基础上，其他各方才能针对性强和有效地满足消费者的食品安全信息需求。

（三）充分交流与集中表达

1. 充分交流

在食品安全信息交流平台内部，需要来自各方、各种不同信息的充分交流，包括各种赞同、不赞同、反对意见的讨论、辩论和争论，经过充分交流才能实现相互了解、理解，求同存异。

2. 集中表达

平台的一项重要功能，就是在社会纷纷扰扰的来自各方各种观点食品安全信息中，向社会输出一种公正、专业的食品安全信息，作为社会各方了解、认识食品安全问题及其治理状况的一种可信赖的权威参考。因此平台需要在内部各方信息和意见充分交流、碰撞的基础上，求同存异，对按一定规制达成共识的信息，以平台信息统一向社会输出，而不是把各种相互争论、矛盾的信息和观点又带回到社会。

（四）建立与运作原则

政府主导、监督，专业学术组织具体运作，社会各方广泛参与。

第十三章
进一步提高食品安全信息供给效率

虚假食品安全信息影响力过大，是导致消费者食品安全满意率低的一个重要原因。提高真实食品安全信息供给效率，同时加大打击虚假食品安全信息传播力度，双管齐下，是满足消费者食品安全信息需求、提高消费者食品安全满意率的有效途径。

问题一，“谣言止于智者”还是“谣言至于真相”？
问题二，主流渠道就不应该传播负面食品安全信息吗？
问题三，为什么打击虚假食品安全信息传播行为要严格依法？

第一节　进一步提高主流食品安全信息供给效率

一、提高主流食品安全信息供给效率

（一）提供消费者需求的食品安全信息

根据消费者对食品安全信息内容的需求特点，提供消费者所需的各种内容丰富、数量充足的食品安全信息。

（二）提高食品安全信息供给时效性

消费者对食品安全信息的需求具有时效性特点，所需的食品安全信息内容和数量随市场、社会和消费者本身状况的变化而变化，因此食品安全信息的提供需要注重下述几个方面以提高其时效性。

1. 预先性

根据消费者食品安全需求特点和变化规律，预先做好提供满足消费者需求食品安全信息的准备。

2. 及时性

当消费者食品安全信息需求发生变化时，及时调整食品安全信息提供方案。

3. 常态化

对消费者常态化需求的食品安全信息，保持有效的常态化提供。

（三）加强食品安全信息供给渠道建设

当前的大众食品安全信息提供渠道主要依靠政府职能部门的工作网站，渠道较为单一，提供效率也不够高。需要进一步拓宽食品安全信息提供渠道，提高食品安全信息提供效率。

二、提高主流食品安全信息大众传播效率

（一）加强对食品安全信息供给的领导和投入

1. 加强领导

食品安全问题治理不仅关系到广大人民群众的身体健康，也是一项重要的社会问题治理工作，关系到人民群众对人民政府执政能力的信任度。因此食品安全信息大众传播工作应该是政府社会信息交流工作的重要组成部分，需要对食品安全信息大众传播工作给予高度重视，加强领导，为食品安全信息大众传播工作正确和有效的开展提供保障。

2. 增加政府投入

食品安全是社会公共安全的重要内容，是政府提供公共服务的重要任务

之一。食品安全信息大众传播工作是食品安全问题治理工作的重要组成部分，是政府社会公共信息交流的重要任务之一，需要获得足够的政府资源投入，才能保证较高的食品安全信息大众传播效率。

（二）进一步提高食品安全信息供给者的食品安全专业素质

要确保食品安全信息真实、科学地传播，必须对食品安全信息的传播者有一定的公正性和专业性要求，才能保证食品安全信息传播的公正性、专业性。因此，食品安全信息供给者在食品安全信息专业知识和传播道德方面的提高，对提高食品安全信息大众传播效率是一种重要保障。

（三）拓宽主流食品安全信息供给渠道

除了主流和传统媒体，食品安全信息大众传播还应开拓非主流媒体和新媒体传播渠道，才能进一步拓宽传播人群，提高食品安全信息供给的有效性。

（四）美化主流食品安全信息传播形式

以消费者更加喜闻乐见的形式、生动活泼和通俗易懂的语言开展食品安全信息大众传播工作，可以有效提高食品安全信息大众传播效率。

第二节　进一步提高真实食品安全信息供给效率

一、传播真实食品安全信息有利于提高消费者的食品安全满意度

（一）传播真实食品安全信息有利于食品安全问题治理

1. 传播真实正面食品安全信息有利于食品安全问题治理

充分了解真实正面食品安全信息，有助于消费者对食品安全问题治理的正确措施给予肯定和支持，形成良好的鼓励舆论氛围，激励监管者和企业继续加大力度采取正确措施提高食品安全问题治理效率。

2. 传播真实负面食品安全信息有利于食品安全问题治理

真实负面食品安全信息的大众传播，一方面能把食品安全问题治理工作做得还不够好的方面展示给消费者，产生一定的社会舆论压力，形成对食品安全问题治理的社会监督氛围，鞭策监管者和企业完善措施、改进不足，加大努力把食品安全问题治理工作做好。另一方面，能帮助消费者了解食品安全问题治理工作实际遇到的问题和困难，有助于他们理解食品安全问题治理工作的困难和问题。

（二）传播真实食品安全信息有利于建立社会信任

1. 传播真实正面食品安全信息有利于增加社会信任

消费者若能充分了解食品安全问题治理工作取得的成效，会增强对食品安全问题治理努力的信心，增加对食品安全问题治理社会各方的信任。

2. 传播真实负面食品安全信息有利于降低社会不信任

消费者通过获得充分的真实负面食品安全信息，了解食品安全问题治理工作实际遇到问题和困难，有助于消费者了解食品安全问题治理局面的真实情况，理解食品安全问题治理工作的困难和问题，降低对社会治理各方的不信任。

（三）传播真实食品安全信息才能满足消费者食品安全信息需求

1. 消费者对正面、负面的食品安全真实信息都有需求

消费者需要了解市场食品安全问题真实状况，以作为决定自己食品购买行为的判断依据，降低自己的食品安全风险。而真实的食品安全问题治理状况，必然存在好和不够好的两面，只有在充分掌握正负两面信息的情况下，消费者正确判断市场食品安全整体状况的把握才会更大。因此，消费者对食品安全信息的需求，必然包括正负两方面。

2. 消费者对正面、负面食品安全真实信息需求程度与供给程度呈反相关

像其他消费者需求一样，消费者对市场食品安全信息的需求程度与其供给的充足程度呈反相关的。当正面食品安全真实信息供给相对充足，负面食品安全真实信息相对不足时，消费者对负面食品安全真实信息的需求会相对更高；反之，消费者会对正面食品安全真实信息有更高需求。

二、大力提倡和积极支持真实食品安全信息供给

（一）营造传播真实食品安全信息的社会氛围

讲真话不仅是传播食品安全信息、提高食品安全问题治理效率的需要，也是一种道德标准、做人原则。提倡传播食品安全真实信息，就是提倡讲真话，提倡建立正确的道德观和人生观，是一项精神文明建设的重要内容，需要在全社会营造一种传播真实食品安全信息光荣、传播虚假食品安全信息可耻的社会氛围，从道德层面增加对传播虚假食品安全信息行为约束，减少社会虚假食品安全信息的传播。

（二）提倡和鼓励多渠道传播真实食品安全信息

传播真实食品安全信息并非主流渠道的专属，虚假食品安全信息的传播也不只是非主流渠道独有。为了满足社会大众对真实食品安全信息的需求、提高食品安全问题治理效率，在努力加强主流渠道传播食品安全信息的同时，需要利用各种可利用的渠道，充分发挥不同渠道的传播特点和优点，互补长短，才能充分满足不同消费者对各种食品安全真实信息的不同需求。

（三）对真实食品安全信息大众传播给予公共资源支持

在大众信息交流市场上，充满了各种信息交流的市场竞争，在竞争中获得优势才能扩大信息交流市场占领份额。

食品安全是一种社会安全，食品安全真实信息交流是一种公共信息交流，是一种社会公共产品提供行为。因此，代表公众利益的政府为食品安全真实信息供给提供支持，既是一种权力，也是一种责任。政府应加强对主流渠道真实食品安全信息供给的支持，也不能忽略对非主流渠道传播真实食品安全信息行为的支持。政府对大众渠道食品安全真实信息交流的形式可以是多样的，可以政策倾斜，也可以给予财政补贴，甚至直接承担某些内容的食品安全信息交流费用。通过政府投入公共资源的支持，可以帮助真实食品安全信息供给在大众信息交流市场上建立竞争优势，扩大信息供给的市场占领份额，

更好地满足广大消费者对真实食品安全信息的需求。

三、提高真实食品安全信息的传播效率

（一）提高真实食品安全信息供给形式效率

充分发挥主流、非主流渠道在真实食品安全信息提供、传播环节上的作用，各自扬其所长、避其所短，及时、充分地传播内容丰富、形式多样的真实食品安全信息，使真实食品安全信息能够被广大消费者接收并接受，满足广大消费者的食品安全信息需求，有效增加市场安全食品购买行为，形成鼓励诚信食品安全行为的市场动力，提高食品安全问题治理效率。

（二）提高真实食品安全信息供给内容效率

1. 传播真实食品安全信息的内容需要选择

食品安全真实信息量巨大。社会食品安全问题治理涉及社会方方面面，食品安全相关真实信息涵盖领域庞大、涉及内容复杂、信息量巨大，而且随着食品安全问题治理环境的变化而随时发生变化。

消费者食品安全信息需求多样。食品消费者不仅数量巨大（每个人都是食品消费者），而且不同消费者食品消费需求不同，因此消费者的食品安全信息需求不仅需求量大且多样化，并且随着社会环境、食品消费环境的变化而不断变化。

面对如此海量的食品安全真实信息和多样化的消费者需求，完全不加选择的传播真实食品安全信息，既不可能，也无必要。因此，在实际的食品安全真实信息供给中，任何形式、内容的真实信息都是经过选择的，只是这些选择是有意或无意，选择的内容是符合或不符合自己的传播目的而已。

2. 传播真实食品安全信息的目的是提高食品安全问题治理效率

传播真实食品安全信息的目的，是为了提高食品安全问题治理效率、满足人民群众需求。为了更有效地达到这一目的，需要根据消费者的食品安全信息需求特点，从大量真实食品安全信息进行中筛选出更有利于提高食品安全问题治理效率的内容，如在某种情况下，传播更多或更少的某种食品安全

真实信息，在另一种情况下，传播食品安全真实信息的内容又会做适当的调整，以利于达到最佳的食品安全信息供给效果，达到提高食品安全问题治理效率的目的。

换句话说，我们传播的食品安全真实信息是经过筛选、符合食品安全问题治理需要的，并非无目的、不经筛选的任意食品安全真实信息。

第三节　加大依法打击虚假食品安全信息传播行为

一、虚假食品安全信息传播危害社会

（一）虚假食品安全信息传播阻碍食品安全问题治理

1. 虚假负面食品安全信息传播危害食品安全问题治理

虚假负面食品安全信息歪曲、夸大食品安全问题治理中存在的问题，有的甚至无中生有、颠倒黑白。虚假负面食品安全信息的传播，形成不良的信息传播氛围，不利于食品安全问题治理效率的提高，对社会各方鼓励采取正确措施和积极努力治理食品安全问题构成严重障碍。

2. 传播虚假正面食品安全信息不利于食品安全问题治理

虚假正面食品安全信息主要是夸大食品安全问题治理的成效，或淡化、甚至掩盖存在的真实问题。虚假正面食品安全信息的传播会营造盲目或虚假的乐观情绪，弱化社会对加强食品安全问题治理的鞭策作用，不利于提高食品安全问题治理效率。

（二）传播虚假食品安全信息损害社会信任

1. 传播虚假负面食品安全信息损害社会信任

虚假负面食品安全信息的传播，弱化、抹杀社会各方治理食品安全问题采取的正确措施、积极努力及其取得的成效，削减消费者对食品安全问题治理各方努力和能力的信任；另外，虚假负面食品安全信息传播严重干

扰消费者对正面真实食品安全信息的接收，降低对正面食品安全真实信息传播信任。

2. 传播虚假正面食品安全信息损害社会信任

虚假正面食品安全信息的传播，一方面会损害正面食品安全信息传播者的社会信任度，降低社会对真实正面食品安全信息的信任。另一方面，虚假真实食品安全信息的传播，也对社会分辨真实负面食品安全信息构成阻碍，降低社会对真实负面信息传播的信任。

（三）传播虚假食品安全信息不能满足消费者食品安全信息需求

如上所述，消费者的食品安全信息需求是为了在决定食品购买行为时，降低自己的食品安全风险。因此，无论是正面还是负面的，只有真实的食品安全信息，才能对消费者的购买行为做出正确引导；而任何虚假食品安全信息，无论是正面还是负面的，都会对消费者的选择产生误导作用。因此，只有真实正面或负面的食品安全信息，才是消费者需要的。

二、打击虚假食品安全信息传播行为力度需要加大

虚假食品安全信息传播主要影响消费者对食品安全真实信息的了解和理解，干扰消费者对市场食品安全真实状况的感知，对食品安全真实信息的有效传播和食品安全问题治理构成阻力。

一方面，我国虚假食品安全信息传播现象比较严重，对食品安全问题治理构成的负面影响和阻力越来越大；另一方面，我国限制食品安全虚假信息传播行为的法律法规并不完善，对虚假食品安全信息传播行为的限制措施并不严格，甚至相当宽松。

因此，有必要在现有法规基础上，进一步完善和建立更有效限制虚假食品安全信息传播行为的法规，在食品安全问题治理过程中有效落实这些法规，在慎重界定虚假食品安全信息传播行为和证据确凿的基础上，对虚假食品安全信息传播违法行为的依法限制和打击应该果断和坚决，以及时和有效地阻止虚假食品安全信息传播行为，有效降低其对人民群众感知食品安全真实状况和食品安全问题治理的干扰，提高食品安全问题治理效率，提高人民群众

的食品安全满意度。

三、打击虚假食品安全信息传播行为需依法

在我国法治社会建设进程中，虽然行政手段就食品安全问题治理现阶段仍然发挥重要和不可替代的作用，但是，一方面我国法制建设进程在努力减少非法制措施，另一方面食品安全信息传播涉及面广、影响错综复杂，对虚假食品安全信息传播行为的打击更需重视法规基础，努力做到有法可依、有法必依。

（一）谁负责打击和打击谁需依法

食品安全问题治理涉及社会多方，食品安全信息传播涉及社会各方更多。

首先，提供和传播食品安全信息涉及社会多方。提供食品安全信息不仅涉及政府食品安全监管职能部门，包括食药监、农业、进出口检验检疫等，也涉及政府非食品安全监管相关职能部门，包括工商、公安、质监、卫生、城管等多个职能部门，还涉及许多的非政府组织及个人；传播食品安全信息涉及面更宽，除了上述提供食品安全信息涉及的组织和个人外，还涉及文化、教育、传媒、电讯等领域。

其次，食品安全信息传播影响涵盖面更宽，除了上述各方外，还涉及食品生产经营各方和食品消费各方。

上述各方都存在虚假食品安全信息传播违法或受害的可能，因此，由谁负责实施对虚假食品安全信息传播行为的打击、打击对象应该是谁需要有明确的法律规定。

（二）界定“虚假食品安全信息”需依法

对违法虚假食品安全信息传播行为的界定，是依法打击虚假食品安全信息传播的关键。然而，一般“虚假食品安全信息”概念有很大的弹性空间，“虚假”程度范围很大。作为依法打击的依据，必须对“虚假食品安全信息”概念给予严格的法律定义，才能做到在实际打击过程中尽量减小“自由裁量空间”，减少人为误差。

四、避免“误伤”和“舆论监督”

（一）打击虚假食品安全信息传播是为提高食品安全问题治理效率

打击虚假食品安全信息传播不是为打击而打击，目的是减小虚假信息传播的干扰，提高食品安全问题治理效率。因此，对虚假食品安全信息传播行为的打击力度和打击面，都应以对食品安全问题治理的促进作用为界，并非越大越好、越宽越好，尽量降低和避免打击带来的副作用。

（二）“舆论监督”对提高食品安全问题治理效率有重要积极作用

社会“舆论监督”在我国食品安全问题治理中发挥着重要的积极作用。我国新旧两部食品安全法都对发挥“舆论监督”作用的权力和义务做出了规定，如2009年2月28日发布的《中华人民共和国食品安全法》（简称旧版《食品安全法》）第八条“……新闻媒体应当开展食品安全法律、法规以及食品安全标准和知识的公益宣传，并对违反本法的行为进行舆论监督。”[44] 新版《食品安全法》第十条“……新闻媒体应当开展食品安全法律、法规以及食品安全标准和知识的公益宣传，并对食品安全违法行为进行舆论监督……”[1]

因此，在打击虚假食品安全信息传播的同时，必须注意不能对正常的社会舆论监督构成妨碍。

（三）需严格依法界定“虚假”食品安全信息传播违法行为

兼顾打击虚假食品安全信息传播和发挥社会舆论监督作用的有效方法，就是慎重和严格界定虚假食品安全信息传播违法行为。

1. 严格界定违法虚假食品安全信息

首先需要慎重和严格界定违法虚假食品信息。对违法虚假食品安全信息的界定首先需要区分虚假和违法虚假概念，并非所有程度、形式的虚假食品安全信息都必须界定为违法虚假食品安全信息。在界定违法食品安全虚假信息时，应考虑虚假食品安全信息的潜在危害性、并在其虚假程度上做出尽量明确规定。

2. 严格界定虚假食品安全信息违法传播行为

并非任何虚假食品安全信息传播行为都应界定为违法行为。对虚假食品安全信息传播违法行为的界定，应该从传播行为的社会危害性（已经产生和可能产生）和传播行为的动机（有意或无意，恶意或善意）两方面考虑。其中，应以虚假食品安全信息传播行为的危害性为主要因素。

五、相关法规需完善

新《食品安全法》增加了打击虚假食品安全信息传播行为内容。相比于旧版《食品安全法》，新版《食品安全法》增加了对传播虚假食品安全信息行为的限制和打击规定，如第一百二十条“任何单位和个人不得编造、散布虚假食品安全信息。”第一百四十一条“违反本法规定，编造、散布虚假食品安全信息，构成违反治安管理行为的，由公安机关依法给予治安管理处罚。”“媒体编造、散布虚假食品安全信息的，由有关主管部门依法给予处罚，并对直接负责的主管人员和其他直接责任人员给予处分；……”[1]这说明虚假食品安全信息传播带来的危害受到了国家的重视，对其打击有了法律依据。

然而，《食品安全法》对打击虚假食品安全信息传播行为的总体规定，还需要有进一步的具体法律规定和措施，才能在实际打击虚假食品安全信息传播行为中有效发挥作用。至少在以下几方面需要进一步落实和完善。

（一）虚假食品安全信息界定需进一步落实

新版《食品安全法》规定了不得编造、散布虚假食品安全信息，并规定了对违犯者的打击原则，但是对“虚假食品安全信息”并未做出明确规定，需要进一步落实对“虚假食品安全信息”的法律规定。

（二）打击对象需进一步明确

依据新版《食品安全法》第一百二十条和第一百四十一条，对“编造、散布虚假食品安全信息，构成违反治安管理行为”的“任何单位和个人”，应“由公安机关依法给予治安管理处罚。”然而，第一百四十一条又规定，

“媒体编造、散布虚假食品安全信息的，由有关主管部门依法给予处罚。”[1]

这样，虽然“任何单位和个人不得编造、散布虚假食品安全信息”，但有的单位（媒体）可以单列出来而不必承受相同的法律惩罚，改由接受其主管部门处罚；另外，如果媒体单列出来的理由成立，符合同样理由的其他单位也应可以单列出来，改由主管部门给予处罚。

因此，某些单位（媒体）需要从不得编造、散布虚假食品安全信息的“任何单位和个人”中单列出来的理由是否合理和充分需进一步明确。

（三）打击措施需进一步落实、完善

对“任何单位和个人”“编造、散布虚假食品安全信息”的处罚是“由公安机关依法给予治安管理处罚”为限，对于一些恶意传播并造成重大社会危害的虚假食品安全信息传播行为，这样的打击力度不足以发挥有效地阻止作用，需要适当增加打击力度。

另外，主管部门对下属单位犯错都负有不同程度的责任，理应接受与下属单位错误行为关联的惩罚。现《食品安全法》对从编造、散布虚假食品安全信息的任何单位中单列出来的单位（媒体），改由其主管单位负责处罚，这在逻辑上存在不合理性，实际实施产生的处罚力度和效果都存在很大的折扣空间。

新《食品安全法》在限制、打击虚假食品安全信息传播行为方面确定了正确原则，并取得明显进步，为限制、打击虚假食品安全信息传播行奠定了法律基础。但是，要有效落实这些原则，还需要在新《食品安全法》基础上，进一步完善和建立具体实施法规，才能在食品安全问题治理过程中，依法有效阻止虚假食品安全信息传播行为，提高食品安全问题治理效率。

第十四章 我国特殊性食品安全问题治理的“帮助”路径

虽然打击是治理食品安全问题的一条有效途径，但对于长期故意为之的非食品安全行为，只依靠打击手段在现阶段不仅我国的治理效果不够好，发达国家在治理这类问题上的效果也不好。“打坏”是为了“帮好”，可以尝试一条“帮好”的食品安全问题治理途径，形成“打坏”与“帮好”共治的我国食品安全问题治理新的特色模式。

问题一，为什么只靠“打击”治理我国特殊性食品安全问题效果有限？

问题二，在食品供应链上，哪个环节应该是特殊性食品安全问题源头？

问题三，除了提高市场食品安全合格率外，还有什么方法能够帮助消费者降低买到非安全食品风险？

问题四，帮助“好”企业向消费者传递真实食品安全信息对食品安全问题治理有什么好处？

第一节 为什么要“帮助”？

一、只依靠打击效果不好

经过这么多年的打击，我国食品安全问题“仍不乐观”。因为打击效果不仅取决于我们的决心，还与打击所需具备的条件及遇到的困难有关。我国食品安全问题治理具有复杂的特殊性，我国的法制体系和社会治理体系还在建设、完善过程中，这些都是我国食品问题依法打击治理遇到的重重困难。在克服这些困难之前，依法打击很难发挥出最大程度的效果。

（一）我国特殊性食品安全问题是一个复合性社会问题

特殊性食品安全问题的存在是我国食品安全问题治理的难题，也是我国食品安全局面长期不容乐观和消费者食品安全满意度不高的一个重要原因，要改变我国食品安全问题治理的这种困难局面，特殊性食品安全问题治理是一个必须迈过去的坎。

然而，我国特殊性食品安全问题表面是一个食品安全问题，实质是一个复杂的复合性社会问题。

1. 特殊性食品安全问题治理是一个复杂的复合性问题

特殊性食品安全违法者一般不只限于食品安全违法。特殊性食品安全问题看起来是小微单位普遍、长期的食品安全故意违法行为，但这些食品安全违法者，尤其是食品非法经营者，他们的违法行为一般都不只局限在食品安全违法，还涉及工商、税务、环保、消防、城市管理、土地管理等多种违法行为，而且这些不同的违法行为相互交错，长期纠缠不清，是一个多种违法行为复合交错的复杂问题。

比如一个未取得营业许可的餐饮店是不符合食品经营许可条件，其食品经营行为本身就是一种食品安全违法行为，而这种食品安全违法行为的直接原因是其违反了工商管理规定。但是，这家不符合工商管理规定可能是其店址的土地使用权限不符合土地管理规定，也可能是因为其经营内容不符合环境保护规定或者消防安全规定。可见，这家餐饮店经营餐饮食品服务是一种食品安全违法行为，是一个食品安全问题，但其背后，同时还存在着违反多类法律、法规问题。在治理这件餐饮店食品安全问题时，应该只治理食品安全问题、先治理食品安全问题，或者食品安全问题是否是主要问题？这些问题本身都是问题。

因此特殊性食品安全问题治理本身，就不是一个简单的食品安全问题治理，而是涉及多方面、多部门的复合性问题治理。

2. 治理特殊性食品安全问题会导致其他社会问题

从食品安全角度看，特殊性食品安全问题只是一个食品安全问题，治理起来也应该很容易，依据现行法律体系，做到有法必依、执法必严就可以消除这一类食品安全问题。但是，必须看到特殊性食品安全问题还复合着民生问题、就业问题、经济发展问题和社会稳定问题等社会问题，牵一发动全身，简单直接地消除食品安全问题的结果，可能会引发这一系列的问题。

比如我家楼下不远的街边有一家食品摊档，现场制售不同生食、熟食，还经常现场宰羊，没有任何食品卫生设施和措施，当然谈不上任何许可，纯粹违法经营，食品安全风险很高，一看上去就是个食品安全问题。如果只按食品安全问题治理，采取依法取缔加罚款等手段，应该不难解决。然而这个食品安全风险点却长期得不到解决，成了食品安全监管部门有法不依、执法不严的一个问题。而这家食品摊贩的现实情况是一个小伙子拉家带口，看上去一家的生计主要来源于这个食品摊档。如果依法取缔了这个食品摊档，消除了一个食品安全风险点，这个食品安全问题得到有效治理。但是，摊档一家的生计、社会稳定等社会问题就会随即而来。如果处理这些民生等问题的社会机制和法治机制还没有合理的方案，必然影响导致这些社会问题的食品安全问题的依法治理效果。

（二）我国的法制和社会治理体系还在建设、完善过程中

依法打击食品安全非法行为的效果，与社会的法制体系和社会综合治理体系建设程度密切相关。我国特殊性食品安全问题的存在本身，说明我国的法制体系和社会治理体系建设尚未健全。

1. 法律体系还不够健全

首先，食品安全法律、法规体系尚不够健全。比如 2009 年我国才建立了首部食品安全法，还未得到完全的有效落实，几年后又做了大幅度修改，2015 年颁布新版食品安全法。至今又过去 2 年多，然而落实食品安全法相关原则的具体法律、法规、标准、措施尚未完善或尚在建立中，新食品安全法的法律效率尚未得到充分发挥，在落实食品安全法的过程中，已经发现了新食品安全法存在不少需要进一步修改和完善的地方。其次，食品安全法是整个法理体系中的一个重要组成部分，食品安全法的有效实施，离不开社会治

理其他相关法律、法规的有效实施。如上所述，我国社会治理总体法律体系正处在建设过程中，大量的法律修订、完善和建立工作尚在进行中，社会治理总体法律体系尚未健全，这必然影响食品安全问题依法治理的效果。

2. 完善中的社会治理体系

食品安全问题治理是整个社会治理的一个有机组成部分，食品安全问题治理效果必然与相关社会问题治理能力密切相关。我国的经济体制已由过去的计划经济体制改革转变成市场经济体制，社会治理体系由过去政府包办一切往市场、社会发挥重要作用的方向不断发展，但适应市场经济体制的社会治理体系还在建设过程中，尚有诸多问题有待解决，还存在许多不足之处，尚不能充分发挥有效的社会治理作用。

因此，仅依靠依法打击，我国的食品安全问题治理很难取得预期成效，这也是我国食品安全问题治理局面长期不容乐观的一个重要原因。

（三）打击遇到的困难更大

有效打击除了需要依靠健全有效的法律体系外，打击食品安全违法行为本身，也会遇到更多的困难。

1. 打击措施有限、违法行为无限

（1）已有的打击措施少于已存在的非法行为。依法打击措施一般只是针对已经发现的食品安全违法行为，已经存在但尚未被发现的非法行为不在依法打击范围。

（2）打击措施改变难、违法行为变换易。依法打击需要依据相应的法律、法规依据，而法律、法规的改变必须经过相应的法律程序，这注定了法律、法规改变永远滞后于非法行为的变换。

2. 依法打击靠证据、非法行为随利益

只要能满足获利需要，食品安全非法行为可以无所不为，但依法打击必须依据确凿证据。然而获得食品安全违法证据并非易事，困难主要来自下述两方面。

（1）科技的局限。首先是由于食品安全检测分析技术的局限，难以获取一些已经存在的食品违法成分的有效证据；其次对于一些新出现的或潜在的食品危害，食品安全科学尚不能做出明确的判断，还需要更充分的科学依据。

（2）法律、法规的局限。食品安全违法证据的获得是一个法律程序，再严密的法律体系都会存在法律漏洞。违法行为会充分利用法律漏洞和执法者的疏漏或失误，给获得违法证据设置障碍，增加获得有效违法证据的难度。

3. 打击范围很大

（1）覆盖全链条很难。食品供应是一个长而复杂的链条，包括从动、植物种植、养殖，到初级加工、储藏运输、深加工、批发到零售等多个环节。而与食品供应链直接关联的还有农药、兽药、饲料等农资生产经营环节，与食品加工、储运环节直接关联的食品包装、添加剂、储运工具等生产经营环节，这些环节构成食品安全供应链条的附属链条。食品供应链条主链和附属链上的每一个环节都与食品安全有关，都存在食品安全违法风险。

因此，依法打击要覆盖整个链条的每个环节的难度很大。

（2）打击不能完全覆盖零售环节。食品供应链条的末端是零售市场，零售环节由食品供应商与消费者买卖双方构成，即由食品安全违法行为的加害与受害方共同组成。显然，作为受害方的消费者不是打击对象，其对非法非安全食品的购买行为不能受到依法打击阻止。

4. 社会各方难发力

社会共治是我国食品安全问题治理大力提倡的一条重要途径。然而，除了政府相关职能部门外，社会其他各方和政府其他职能部门，并不具备直接依法打击食品安全非法行为所需的公权，很难在依法打击食品安全违法行为的社会共治中发力。

5. 打击的阻力大

对食品安全违法行为的打击直接损害违法者的利益，违法者为避免或减少遭受的损失，会不遗余力地采用各种方法、通过各种途径逃避和对抗打击，增加依法打击的难度。

二、“帮助”可以是另一条路

（一）帮诚信守法行为 = 打击非法行为

打击食品安全违法行为的目的并非为了打击违法者，而是为了扩大安全食品的市场占有率，降低市场食品安全风险，提高消费者食品安全满意度。

在食品市场上，提供安全食品的诚信守法行为与提供非安全食品的违法行为相互排斥、相互竞争，非安全食品提供者依靠冒充安全食品而偷取安全食品的市场份额。非安全食品偷取市场份额越多，意味着安全食品损失市场份额越多；反之，安全食品占据市场份额越大，夺回非安全食品偷走市场份额越多。因此，如果能够帮助诚信守法者占领越大的市场份额，留给非安全食品提供者的市场空间就会越小，直至达到消费者能够接受的程度。

可见，帮助、维护安全食品提供者的守法行为，同样可以达到打击、驱逐非安全食品提供违法行为的效果。

（二）“帮助”更易实施

相对于打击食品安全非法行为遇到的阻力很大，帮助食品安全守法行为相对更易实施。

1. “栽花”比“种刺”易

相对于被打击者不遗余力的逃避、抵抗和对抗打击措施，只要帮助措施得当，虽不一定会得到被帮助者的热烈欢迎和积极配合，至少不会有抵触行为，帮助措施实施起来一般都较容易。

2. 对帮助对象的筛选更容易

相对于确定打击对象需要严谨的违法证据和经过严格的法定程序，对帮助对象的筛选相对容易，诚信守法行为证据多数可由帮助对象提供，帮助者只需依据有确凿的证据的诚信守法行为，筛选出帮助对象。

3. “帮助”容易社会共治

对于帮助食品安全守法行为，只要愿意，政府任何部门、社会任何组织或个人，都可以参与到帮助行列中来，各自发挥特长，形成社会合力，一起帮助诚信食品安全守法行为，推动安全食品占领更大市场份额，打压非安全食品市场空间，提高食品安全问题治理效率。

4. 帮助可以完全覆盖零售环节

零售环节由食品提供者和消费者构成，是整个食品供应链的关键环节。因打击不能针对消费者，通过打击措施治理食品安全问题就不能完全覆盖食品供应链条上这一关键环节，留下治理盲点，而帮助措施可以充分覆盖食品链条上任一需要帮助的环节及其组成部分，不留任何盲点。

第二节　帮哪个环节？

——食品供应链条终端环节最需要帮助

食品安全问题治理的最终目的就是降低消费者的食品安全风险，满足消费者对安全食品的需求，提高消费者食品安全满意度。简言之，消费者满意是食品安全问题治理的最终目标。

帮助作为食品安全问题治理的一条路径，自然其目标就是满足消费者对安全食品的需求，令消费者满意。

虽然食品供应链条各个环节的诚信守法行为都需得到帮助，而且帮助都会产生积极效果。但是，终端环节是最需要帮助的环节，而且帮助终端环节的对整个链条食品安全问题治理的效果最佳。

一、供应链终端环节是特殊性食品安全问题的“源头”

按照食品供应链条各环节的行为逻辑顺序和动机逻辑顺序，可以分别梳理出食品安全问题的行为逻辑“源头”和动机逻辑“源头”。

（一）食品安全问题的行为逻辑“源头”

1. 田间“行为源头”说

这是一条基于行为逻辑顺序的食品供应链条（见图 14－1）：由于生产的农产品存在质量安全问题，比如蔬菜农药含量超标、生猪饲养用了“瘦肉精”，食品从田间出来就带上了问题，导致供应链条随后各个环节很难消除这些危害风险，直至终端市场消费者。

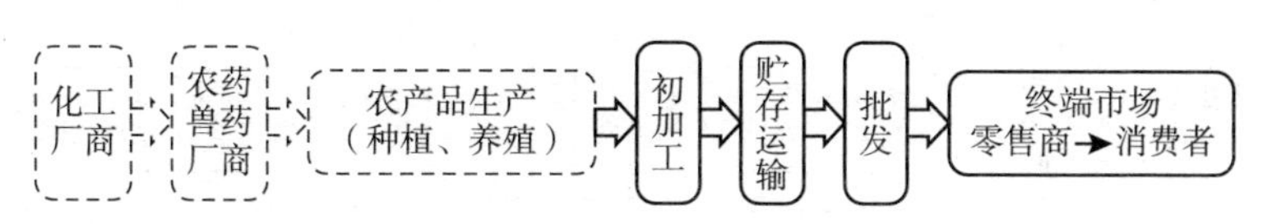

图 14－1　食品安全问题链条的“行为源头”逻辑

因此，如果能在农产品生产环节控制住这些食品安全风险，比如蔬菜农药含量合格、生猪饲养不用“瘦肉精”，这些食品安全风险从田间地头出前就被控制住了，供应链后续各环节这类食品安全风险也就基本控制住了，直到终端市场的食品都会是安全的。可见整个供应链条的食品安全问题“源头”在田间地头的农产品生产过程。控制住田间农产品生产的食品安全风险，就控制住了整个供应链食品安全风险的“源头”。

2. 田间“行为源头”说的问题

田间“源头”说是基于人们行为逻辑的一种判断。然而从治理食品供应链食品安全角度看，田间“源头”说存在下述两方面问题。

（1）田间还不是“行为源头”。按照田间“源头”说的行为逻辑，终端市场问题食品来自上游批发商，批发商的问题食品源于农产品生产供应商，但农产品生产者用的不合格农药或饲料又是从农药或饲料厂商生产提供的，或者产出不合格农产品的土地是上游化工厂污染的……按照这个行为逻辑，很难明确地把田间定义为这条链条的“行为源头”。

（2）提高问题治理效率难度大。按照田间“行为源头”说逻辑，即使能够明确供应链食品安全问题的“源头”，也很难采取应对这些问题行为的有效措施。因为供应链各环节的问题行为都是由各环节人们的动机导致的，只针对问题行为采取的治理措施，很难从人们的动机上控制这些行为的发生，因此很难提高这些问题的治理效率。

（二）食品安全问题的动机逻辑“源头”

1. 终端市场“动机源头”说

这是基于人们行为动机的一种逻辑判断（图 14－2）。从动机逻辑看，人们的任何故意行为都源于其动机。从食品供应链各环节经营者来看，他们的食品供应行为都是一种市场行为，或者说是一种逐利行为。因此“逐利”是食品供应链各环节经营者的行为动机。

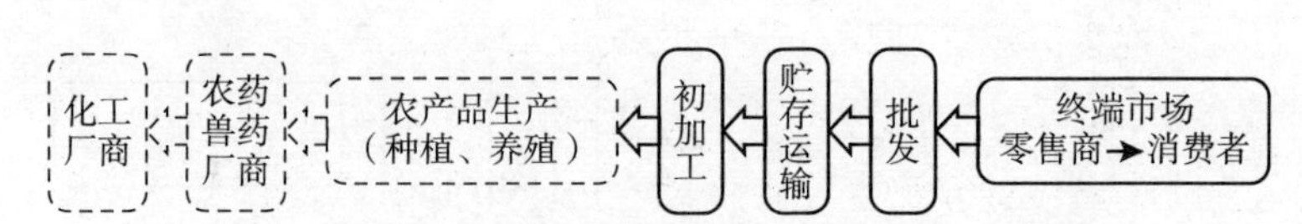

图 14－2　食品安全问题链条的“动机源头”逻辑

从食品供应链各环节动机逻辑顺序看，终端市场（零售商 + 终端消费者）是整个链条逐利的“动机源头”。在食品供应链条上的任何一个环节，无论是“田间”及其行为上游环节，或是加工、储运任何一个环节，向其行为下游环节提供问题食品的动机都是获得更大经济利益。而整个食品供应链条的经济利益，最终都必须通过在终端市场才能实现。如果问题食品供应行为在终端零售市场不能获得预期利益，整个供应链就不能获得其预期利益，就会断了整个供应链的逐利“动机源头”。

2. 终端市场逐利“动机源头”说的好处

（1）能够明确供应链食品安全问题的真正“源头”。一方面，动机是行为的源头；另一方面，终端市场中零售商的逐利动机和消费者的购买行为，是整个供应链食品安全问题明确的“源头”。

（2）有助于提高供应链食品安全问题治理效率。一方面“源头”环节就是一个，可以集中治理资源重点治理这一个环节；另一方面对“源头”问题的治理控制了整个链条食品安全问题的根源。因此针对“动机源头”的治理可以大大提高整个供应链条食品安全问题的治理效率。

二、直接帮谁？——帮诚信守法安全食品提供者

食品供应链终端零售环节由食品提供者（卖方）和消费者（买方）共同组成。

（一）食品安全问题与安全食品问题

1. 食品安全问题——消费者抱怨安全食品难买

消费者需要安全食品。当在市场上买到非安全食品的风险超过消费者接受的程度，或者市场提供的安全食品满足不了消费者的需求，消费者就会不满意市场食品安全状况，这是政府食品安全监管需要面对和解决的问题。简言之，消费者抱怨安全食品难买，是我们面临的食品安全问题。

2. 安全食品问题——诚信守法企业抱怨安全食品难卖

安全食品是由诚信守法企业提供的。由于市场上长期存在着过多的非安全食品，它们假冒安全食品，侵占安全食品市场份额，并且不能被消费者分

辨，使得安全食品在与生产成本更低的非安全食品在市场竞争中处于不利地位，很难以符合市场规律的价格卖出去。因此诚信守法的安全食品提供企业抱怨安全食品难卖。

可见，在我们今天的市场上，消费者安全食品“难买”的食品安全问题与诚信企业安全食品“难卖”的安全食品问题同时存在，是我国现在食品安全问题治理出现的特殊局面。

（二）食品安全问题与安全食品问题的关系

1. 食品安全问题导致安全食品问题

（1）打击不力导致过多的非安全食品进入市场。由于市场食品安全监管“防盗网”存在漏洞，市场上混入了过多的安全品质不确定、甚至是不安全或有害的食品。这些非安全食品生产成本低，与生产成本高的安全食品竞争占有优势，形成安全食品“难卖”问题的基本原因。

（2）消费者“良莠不分”的购买行为令企业诚信守法行为受挫。非安全食品混入市场后，由于消费者不能识别而与安全食品同样对待，这实际上是在打压安全食品，市场上普遍存在的“帮衬”非法经营食品行为更加是在“助纣为虐”，形成一种不利于诚信守法企业努力提高食品安全保障水平的市场氛围。

（3）过多非安全食品的存在降低了消费者对市场上安全食品的信心。由于市场上存在过多非安全食品，而消费者又不能分辨这些非安全食品，打压了消费者对存在安全食品的整个市场的食品安全信心，食品安全满意度降低。

2. 安全食品问题加重食品安全问题

在与成本低的非安全食品的市场竞争中，安全食品很难按照市场规律获得相应的市场回报。在这种安全食品“难卖”和“难买”的恶性竞争环境中，安全食品生产经营者要求的生存和发展，有三条路可选。

（1）“出淤泥而不染”。在政府食品安全有效监管下，大多数食品企业，尤其是规模化食品企业，努力提高道德素养和食品安全保障水平，同时通过努力提高企业整体生产经营效率，部分弥补安全食品“难卖”的困难，努力向市场提供高品质安全食品，满足消费者对安全食品的需求。

（2）“偷工减料”。然而，一些中小规模企业，尤其是一些小微企业，由于企业整体生产经营水平不高，加上受到政府食品安全有效监管程度不高，面对市场非安全食品的竞争压力，也采取了部分通过降低食品安全品质而降低成本投入的措施，减小了提高企业食品安全保障水平的努力，降低了食品安全风险控制水平。

（3）“同流合污”。不能受到政府食品安全有效监管的企业，主要是一些小微食品生产经营单位，尤其当遇到生产经营困难时，由于架不住市场非安全食品的竞争压力或利益诱惑，少数食品生产经营单位也会被卷入到食品安全非法行为队伍中。

可见，诚信守法企业安全食品“难卖”问题不利于、甚至打击企业提高食品安全保障水平的努力，对食品安全问题治理产生“雪上加霜”的作用，不仅不利于食品安全问题的解决，还会进一步恶化食品安全问题。

综上，食品安全问题与安全食品问题是相互作用、互为因果的两个问题；或者说，食品安全问题与安全食品问题是一个问题的两个面。

（三）通过帮诚信守法食品企业来帮消费者

帮助消费者满足食品安全需求是食品安全问题治理的最终目标。当消费者觉得在市场上买到安全食品符合或超过预期需求，其食品安全需求就得到了满足，消费者对市场食品安全问题治理就会满意。

1. 帮诚信企业解决安全食品“难卖”=帮消费者“易买”安全食品

市场上食品的买、卖行为是同时发生的，消费者安全食品难买与诚信企业安全食品难卖是一个问题的两个面，让诚信企业的安全食品“好卖”，就是帮助消费者“易买”安全食品。

2. 解决诚信企业的难卖安全食品问题=解决消费者难买的食品安全问题

解决诚信企业的难卖安全食品问题等于解决消费者难买的食品安全问题，反之亦然。因此食品安全问题治理可以先从消费者的食品安全问题入手，也可先从诚信守法企业的安全食品问题入手，或者同时入手。

对于通过依法打击就能够有效控制的食品安全违法行为，依法打击就是食品安全问题治理的有效途径。通过依法打击，市场上的非安全食品被降低到消费者可接受程度，消费者食品安全需求得到满足，达到食品安全问题治理的目的，市场食品安全问题得到有效解决。

然而，对于通过依法打击不能够有效控制的食品安全违法行为，比如在法制和社会综合治理体系尚未健全和完善的情况下，通过依法打击不能有效控制部分的食品安全违法行为，市场上混入了超过限度的非安全食品，造成对安全食品的市场竞争压力，对企业诚信守法行为构成阻力。

因此，在依法打击不能够有效控制食品安全违法行为的情况下，通过帮助诚信守法企业解决安全食品难卖的问题，可以是帮助解决消费者安全食品难买问题的一种有效方式，成为满足消费者食品安全需求、治理食品安全问题的另一条途径。

第三节　满足消费者食品安全信息需求，帮助消费者提高食品安全辨别力

——帮助诚信企业向消费者传递食品安全真实信息

如前所述，满足消费者食品安全信息需求可以有效提高消费者食品安全辨别力，从而有效降低消费者面临食品安全风险。

市场上安全食品难卖与难买同时存在的现象表明，诚信守法企业的食品安全真实信息还未被消费者充分接受，消费者根据已掌握的食品安全信息还不足以在市场上辨别诚信企业的安全食品。因此，帮助消费者接受足够的诚信守法企业食品安全真实信息，就能够帮助消费者在市场上有效分辨诚信企业提供的安全食品。

一、食品安全信息特性

（一）食品安全品质信息是信誉信息

1. 食品安全品质信息是信誉信息

食品安全品质是消费者不能直接感知的，属于信誉品质，食品安全品质信息就是一种信誉信息，根据对食品安全信息提供者的信誉程度来判断。

2. 食品提供者的食品安全保障能力信息是信誉信息

由于消费者在市场上不能直接辨别食品的安全品质，因此期望可以通过

对食品提供者食品安全保障能力信息的掌握，对其提供食品安全性做出判断。然而，食品提供者食品安全保障能力大小，也是普通消费者无法直接感知的，也属于信誉信息，仍然需要通过对企业食品安全信息提供者信誉程度，才能对企业食品安全保障能力做出判断。

可见，食品安全品质信息或企业食品安全保障能力信息提供者的信誉程度，是消费者判断其提供信息可信性的基础。

公正性是食品安全信息提供者信誉程度的基础，而与食品提供者之间的利益关系，是食品安全信息提供者公正性的基础。因此，与食品提供者的利益关系就是食品安全信息提供者信誉程度的基础。

（二）食品安全信息是专业信息

1. 食品安全品质信息是专业信息

食品安全品质的判断是需要相应的专业知识、技能和设施设备的，是一项专业性要求较高的工作，因此食品安全品质信息是一种专业信息。

2. 企业食品安全保障能力信息是专业信息

同样，企业食品安全保障能力的评价是一项专业性要求更高的复杂工作，企业食品安全保障能力信息也是一种专业信息。

可见，食品安全信息属于一种信誉信息，消费者只能通过对食品安全信息提供者的信誉程度和专业程度，来判断所接收信息的可信赖程度，并以此对市场食品安全品质做出判断，以决定其购买行为。

二、食品安全信息的有效传递过程

食品安全信息有效传递，是指把足够数量的食品安全真实信息及时传递给足够数量的消费者并有效影响消费者的食品购买行为。食品安全信息有效传递不仅包含广大消费者能及时接收到信息的含义，还说明这些信息能明显影响到他们的食品购买行为。

市场食品安全信息的有效传递过程包括信息提供和传递两个环节。

1. 食品安全信息有效提供

（1）提供的食品安全信息的真实性。真实性是有效传递食品安全信息的首要条件，而信息提供者的公正性和专业性是其提供食品安全信息真实性的基础。

（2）提供的食品安全信息的充分性。所提供食品安全信息不仅要真实，其内容还需全面、丰富，才能满足消费者对各种内容食品安全信息的需求。

（3）食品安全信息的提供效率。食品安全信息的提供方式有效性和及时性，也是食品安全信息有效传递必不可少的条件。消费者对食品安全信息的需求是随市场、社会食品安全环境的变化而发生变化的，当消费者产生某种食品安全信息需求时，需要采取有效方式及时提供食品安全真实信息，这些真实信息才能有效传递给消费者。

2. 食品安全信息大众有效传递

（1）食品安全真实信息的选取。

食品安全信息的提供和大众传递通常是由不同组织完成，在信息传递开始之前，信息传播者应对提供者所提供信息进行分析评价，选取或筛选出传播者认为合适的信息后，才能开始随后的大众传播过程。在当今食品安全信息源广、信息量大且复杂多样的情况下，正确选取合适的食品安全信息，是决定食品安全信息大众传播有效性的重要环节。

食品安全真实信息的合适选取，对信息传播者提出了一定的食品安全专业性要求。如果不符合一定的食品安全专业性要求，信息传播者对食品安全真实信息的选取出现偏差概率会明显加大。

（2）食品安全信息传递过程保真。

食品安全信息提供者提供了食品安全原始信息，这些原始真实信息内容在大众传递过程中需要经过编辑、修饰、润色等，也会经过多次的转载过程，如何保证最终传递到广大消费者的食品安全信息的真实性，是食品安全信息大众传播者需要应对的又一问题。

如何保证食品安全信息在整个传播过程中的真实性，除了传播者的信息传播专业能力外，对传播者的食品安全专业性也有一定要求。否则食品安全信息在传播过程不同环节出现偏差的概率就会加大。

（3）食品安全信息传递效率。

要保证食品安全信息的传递效率，就必须要确保信息传递的时效性和传播形式可接受性内容，这部分工作的完成主要依靠传播者的信息传播专业能力。

只有把合适的食品安全真实信息及时地传递给广大消费者并为之接纳，食品安全真实信息才能最终实现有效传递，消费者的食品安全信息需求才能得到满足。

第四节 “四方”协力型、三步循环式
——帮助诚信企业传递食品安全信息新模式

如前所述，在向消费者传递食品安全信息的社会各方中，政府监管者、企业组织、传媒组织、独立专业组织等各有所长、各有所短，需要四方相互配合，各自发挥所长、互补所短，才能够有效满足消费者食品安全信息需求。

一、常见的“帮助”有缺陷

（一）对诚信企业传播食品安全真实信息帮助不够

以往对诚信守法食品企业的帮助，一般都只注重帮助企业进一步提高食品安全管理能力，企业如何解决因提高食品安全管理水平而增加的成本问题，一般被认为是企业自身的事。同样，对如何把企业食品安全诚信守法信息传递给消费者和社会，一般也被认为是企业自身的事。因此，以往对诚信守法企业向消费者、社会传递食品安全真实信息的帮助是不够的。

（二）帮助企业传播食品安全信息方式有缺陷

以往对企业的帮助也包括一些传递企业信息的工作，比如各种展销会、优秀企业或产品评选等活动。但这些传播活动更多是对企业生产经营信息、产品感官品质信息或文化信息的传播产生作用，对企业食品安全信息的传递效果并不明显，其主要原因有二：

1. 帮助传递诚信企业食品安全信息内容不明确

这些活动主要传递企业食品感官品质、风格、品牌形象等可感知信息，

并未突出企业食品安全信息，食品安全信息更缺乏详细和专业的内容，对帮助消费者辨别安全食品效果不明显。

2. 帮助的形式有缺陷——“四方”未凑齐

以往帮助企业信息传递活动一般有以下几种类型。

（1）行业组织型。由行业组织自己单独开展。这种活动对于传递食品安全信誉信息有“王婆卖瓜”或“一群王婆卖瓜”之嫌，缺乏公正性基础，且传播效率低，所传递企业食品安全信息被消费者接受的程度很低。

（2）行业组织 + 媒体型。相对于行业组织单独开展，媒体的参与明显提高了传播效率。但是，由于媒体缺乏足够的食品安全专业能力，对企业食品安全信息的评价、筛选和传播过程中，误传企业虚假食品安全信息的风险较高。

（3）行业组织 + 媒体 + 政府型。政府职能部门的参与对这类企业信息传播活动提供了政府支持。但是由于政府维护市场公平、不直接干预市场运作的角色定位，加上政府监管部门与被监管企业的直接关系，政府职能部门并不便于直接参与这类企业信息传播活动。事实上近年来政府职能部门直接参与这类活动在减少。

可见，上述三种形式是以往帮助企业传递食品安全信息的主要形式。在这些形式中，都由于缺少食品安全专业组织的参与，传递企业食品安全信誉信息的公正性和专业性都不足，因此帮助诚信企业传递食品安全真实信息的效率不高，对帮助消费者降低市场购买非安全食品风险的效果不够好。

二、四方协力，互补长短

根据食品安全信誉信息特点及其有效传播规律，在充分了解消费者食品安全信息需求特点、并保持与消费者良好信息沟通基础上，政府职能部门、企业行业组织、食品安全专业社会组织、媒体组织四方共同参与，一起开展帮助诚信守法食品安全优质企业向广大消费者传递真实食品安全信息，帮助市场提高安全食品辨识率。

在帮助传递企业食品安全真实信息过程中，政府职能部门、企业行业组织、食品安全专业社会组织、媒体组织四方应各自发挥下述相互不可替代的积极作用。

1. 倡导、支持

政府职能部门通过政策制定、文件发布等形式，倡导和支持社会开展诚信守法企业食品安全真实信息传播工作，对于社会效果好、公益性强的活动给予适当财政支持，这将对社会各方积极开展传播诚信守法企业食品安全真实信息产生重要的推动作用。

2. 指导、监督

政府职能部门虽不直接介入诚信企业食品安全信息传播具体工作，但有权力和责任加强对社会各方开展这项工作的指导和监督，以保证诚信守法企业食品安全信息传播工作不偏离提高食品安全问题治理效率的方向，满足消费者的食品安全需求、提高消费者食品安全满意度。

3. 企业/行业是基础——更多企业参与才有效

诚信守法企业食品安全信息传播是一项社会各方自愿参与开展的工作，对参与各方无任何强制力。因此，首先需要数量足够的食品企业参与进这项工作中来，在优质诚信守法企业食品安全信息传播方面才能取得应有的社会效果。其次，食品企业行业组织在动员和组织会员企业参与这项食品安全信息传播工作方面，可以发挥重要的积极作用。

4. 食品安全专业社会组织是关键——提供真实信息

评价和提供企业食品安全信息的真实性，是开展传播诚信守法企业食品安全真实信息工作的关键。在传播诚信守法企业食品安全真实信息过程中，首先需要对企业食品安全管理水平的评价，以判断企业的食品安全保障能力；其次向社会提供企业食品安全保障能力水平真实信息。这两项工作内容都要求食品安全真实信息评价者和提供者同时具有足够的公正性和专业能力。食品安全专业社会组织的公正身份和专业特长，决定了其在评价和提供企业食品安全真实信息方面作用的重要性和不可替代性。

5. 媒体是充分条件——迅速、广泛传递真实信息

尽管在政府的正确指导、支持下，有足够数量的企业参与食品安全信息传播工作，所提供的企业食品安全信息既公正也专业，但是要达到诚信企业真实食品安全信息传播的目的，需要足够数量的消费者能够接收并接受这些企业食品安全真实信息，改变消费者食品购买行为，才能形成对诚

信守法企业安全食品的有效市场促进作用。因此，足够庞大和专业的大众传媒组织的参与，可以更有效的发挥诚信守法企业食品安全真实信息传播的积极作用。

三、三步循环，良性互动

虽然参与企业食品安全真实信息传播工作的企业数量越多越好，但是为了达到更好的效果，信息传播工作应该有优先、有重点地开展。通过对少数更优秀的诚信守法企业食品安全真实信息传播，有效提升这些优秀企业的市场竞争力，对一般企业产生示范和带动作用，吸引、鼓励更多的企业参与到这项工作中，努力提高食品安全管理水平，争取进入能得到重点传播食品安全信息的优秀企业行列。

因此，要通过传播优秀企业食品安全信息达到提高食品安全问题治理效率的目的，诚信守法企业食品安全真实信息传播工作应大致分为三个不断循环的步骤开展（见图 14－3）。

图 14－3　优质企业筛选—信息传播—提高能力三部循环模式

1. 评价、判断企业食品安全管理水平

首先依据企业食品安全管理相关标准，采用企业食品安全专业评价模式，对参与企业的食品安全管理水平进行综合评价，得出公正、科学和准确的企业食品安全管理水平评价结果，根据评价结果对企业食品安全保障能力进行综合判断。

2. 优秀诚信守法企业筛选

根据对企业食品安全管理水平的评价和判断结果，在达到食品安全保障能力合格水平以上的企业中，筛选出食品安全诚信守法优秀企业。

3. 优秀诚信守法企业食品安全真实信息传播

对筛选出的优秀诚信守法企业，以上述“四方协力”形式，开展食品安全真实信息重点传播工作，重点提高优秀诚信守法企业的食品安全市场影响力以取得明显的市场效果，更好地满足消费者食品安全需求，并发挥对一般食品企业的市场示范和吸引作用。

4. 提高企业食品安全管理水平

帮助提高企业食品安全管理水平工作包括下述两方面。

（1）提高一般企业食品安全保障能力。对达不到优秀水平的企业，根据食品安全管理水平综合评价结果，针对企业食品安全管理存在的漏洞和短板，企业开展食品安全保障能力提升工作，努力争取达到优秀企业水平，进入重点传播队伍。

（2）进一步提高优秀企业食品安全保障能力。进入重点传播队伍的优秀食品企业应始终保持在一定少数比例范围。由于重点传播队伍之外企业不断努力进入重点传播队伍，对重点传播队伍中的优秀企业提出了进一步提高食品安全保障能力的要求，否则就有可能被排除出重点传播队伍。

食品安全保障能力得到提高的企业，可以参与到下一轮的企业食品安全管理水平综合评价和筛选，进入新一轮的循环。

四、充分发挥专业组织传播食品安全信息的积极作用

从上述“四方”协力型、三部循环模式看，无论在“四方”协力或三部循环过程中，食品安全专业组织都发挥了重要和不可替代作用。因此，充分发挥食品安全专业社会组织的积极作用，是帮助传播诚信企业食品安全真实信息的关键。

（一）专业社会组织潜力远未开发

如上所述，相较于食品安全信息传递其他各方，专业社会组织具有身份公正、能力专业的特点，在向消费者提供企业食品安全信息和社会食品安全状况信息方面，具有更高的可信赖度，对满足消费者食品安全信息需求、降

低消费者市场购买到非安全食品风险和提高消费者食品安全满意度，都会产生重要的积极作用。

然而，食品安全专业社会组织在我国食品安全问题治理中的积极作用远未得到充分发挥，主要表现在下述两方面。

1. 专业社会组织不多

由于历史原因，我国过去的所谓“社会组织”都具有官方色彩，去“官方”化一直是社会组织发展改革的方向。然而，这种社会组织回归社会的改革努力遇到阻力不小，一方面阻力来自体制内的放权阻力，另一方面也有来自体制外的认识习惯，对没有官方背景社会组织发挥作用的持质疑态度。由于这些阻力的存在，今天许多社会组织仍然或多或少带有不同程度的官方色彩，真正独立于政府职能部门的食品安全专业社会组织很少。

社会组织不能够真正社会化，其社会组织所能发挥的独特作用就不能够充分发挥。

2. 发挥大众信息传播作用的专业社会组织更少

另外，虽然也存在一些真正的食品安全专业社会组织，由于社会环境和自身能力原因，这些社会组织的社会生存和发展能力一般较弱，在与具有官方色彩的专业组织的竞争中一般处于弱势，真正能够有效发挥社会食品安全信息传播作用的社会组织更少。

（二）应该充分发挥专业社会组织的积极作用

由于能够发挥公正、专业社会作用的专业社会组织很少，其在社会食品安全信息交流过程中的重要作用得不到充分发挥，是构成社会食品安全信息交流效率不高的一个重要原因，不利于提高消费者食品安全信息需求满意度。为了提高社会食品安全信息交流效率，充分发挥专业社会组织的独特作用是很有必要的。

1. 积极发展、培育专业社会组织

首先是政府职能部门要充分认识专业社会组织在社会食品安全信息交流中的独特作用，改变观念，思想上重视、行动上支持食品安全专业社会组织的发展。由于专业社会组织发挥的部分作用实际是在为社会提供公共产品，因此政府相关部门应该在相关领域给予专业社会组织政策上的积极扶持，并给予一定的经费支持。

但是，在政府积极支持、扶持专业社会组织的同时，必须注意扶持与干预的区别，处理好扶持与干预之间的矛盾。扶持社会组织的目的是要让社会组织发挥非官方社会作用，政府对社会组织活动的干预会让社会组织带上官方色彩，而带上官方色彩的社会组织可能会生存或发展得更好，但其非官方社会作用的发挥就会受到阻碍，甚至丧失。

2. 加强对专业社会组织的指导和监督

避免对社会组织正常活动的干预，并非意味放弃对社会组织活动的指导和监督管理。政府食品安全监管职能部门对一切不利于社会食品安全利益的行为，都具有监督管理的权力和职责。也就是说，政府食品安全监管部门有权、也有责任对涉及社会食品安全利益的社会组织行为进行监督管理。

另外，食品安全专业社会组织也需要在政府职能部门的监督和指导下，才能保证其行为始终不偏离社会利益最大化的正确轨道，而只有在这条正确轨道上，专业社会组织才能健康成长、发展壮大。

第五节 “打击”+“帮助”治理效果预期

一、对特殊性食品安全问题治理效果预期

如前所述，我国特殊性食品安全问题主要源于小/微和非法食品单位的故意违法谋利行为。其谋利途径是冒充安全食品，进入市场后“鱼目混珠”，导致消费者误买而获利。

“帮助”途径通过有效传递诚信企业食品安全真实信息，提高消费者市场食品安全辨别力，可有效减少消费者对非安全食品的“误买”率，降低非安全食品的市场获利率，从动机“源头”上对特殊性食品安全问题形成打击压力，在有效控制特殊性食品安全问题的同时，还不会直接产生食品安全问题治理的社会副作用。

二、对消费者食品安全满意度的提升效果预期

（一）特殊性食品安全问题的减少会有效提升消费者食品安全满意率

如前所述，消费者食品安全满意率不高的一个重要原因，是我国特殊性食品安全问题较严重。随着特殊性食品安全问题的减少，消费者的食品安全满意率自然会上升。

（二）提高消费者市场食品安全辨别力也会提升其食品安全满意率

消费者对市场食品安全状况的关心，主要在于对自己所面临食品安全风险程度的担忧。消费者买到非安全食品的风险高，他面临的食品安全风险就高，对市场食品安全状况的满意程度就会低；反之，随着消费者买到非安全食品的风险降低，他所面临的食品安全风险降低，对市场食品安全状况的担忧就会减少，满意程度就会提高。

三、对食品安全问题治理整体效果预期

（一）诚信守法食品企业队伍及其市场占有率不断扩大

特殊性食品安全问题严重就是指故意违法食品单位及其生产经营的非安全食品过多。通过提高消费者市场食品安全辨别力，减少这些非安全食品经营的市场空间，扩大安全食品的市场占有率，直接形成对企业诚信守法经营行为的市场鼓励，吸引更多的食品企业加入诚信守法经营队伍，扩大市场安全食品覆盖率，有效降低消费者食品安全风险。

（二）有效提高政府食品安全监管效率

1. 提高企业对政府食品安全监管行为的配合度

如前所述，在“劣币驱良币”的市场效应下，诚信守法经营行为受到非法食品经营行为的市场挤压，影响企业诚信守法经营的积极性，对配合政府

食品安全监管行为形成负面影响，增加政府食品安全监管阻力、降低监管效率。“帮助”途径通过提高企业诚信守法经营行为的市场动力，提升对政府食品安全监管行为的配合度，从而降低政府监管阻力，有效提高食品安全监管效率。

2. 提高消费者对政府食品安全问题治理信任度

消费者对政府食品安全问题治理措施缺乏足够信任，会大大增加政府食品安全问题治理难度。如上所述，“帮助”途径可以有效提升消费者食品安全满意率、提升对政府食品安全监管措施的信任度，从而降低政府食品安全监管的社会阻力，有效提高食品安全监管效率。

3. 提升整体食品安全问题治理效率

如前所述，食品安全问题分为一般性和特殊性两类。虽然我国一般性食品安全问题治理成绩斐然，但是因为下述两方面的原因，对我国一般性食品安全问题的治理也造成严重干扰。一方面，特殊性食品安全问题的存在对一般性食品安全问题治理带来多方面的负面影响；另一方面，消费者食品安全满意率长期低迷会影响社会和政府对食品安全问题治理能力的信任，这种信任的缺失又会严重阻碍社会食品安全问题的有效治理。

通过“帮助”途径一方面有效减少我国特殊性食品安全问题，另一方面有效提高消费者食品安全满意率、也提升了消费者对政府食品安全问题治理能力的信任度，因此对我国一般性食品安全问题治理及整体食品安全问题治理，都会产生重要的促进作用。

参考文献

[1]《中华人民共和国食品安全法》，http：//www. gov. cn/zhengce/2015－04/25/content_2853643. htm。

[2]《GB10766－1997 婴儿配方乳粉ⅡⅢ》，http：//www. nhfpc. gov. cn/zhuz/psp/201212/33682. shtml。

[3]《2005 年至 2015 年，中国十年食品安全大事件》：http：//gd. qq. com/zt2015/shipinanquan/。

[4]《毒豆芽》：http：//opinion. people. com. cn/n/2015/0729/c159301－27375736. html。

[5] 中华人民共和国国家卫生和计划生育委员会：《中华人民共和国国家标准，食品安全国家标准，食品添加剂使用标准，GB 2760－2014》，中国标准出版社 2015 年版。

[6]《中华人民共和国农产品质量安全法》，http：//www. cnca. gov. cn/bsdt/ywzl/flyzcyj/zcfg/201707/t20170710_54689. shtml。

[7] 王硕、王俊平：《食品安全学》，科学出版社 2016 年版。

[8] 石阶平、陈福生：《食品安全风险评估》，中国农业大学出版社 2010 年版。

[9] 中华人民共和国国家质量监督检验检疫总局、中国国家标准化管理委员会：《GB/T 20000. 1－2014 标准化工作指南》，中国标准出版社 2015 年版。

[10] 孙晓红、李云：《食品安全监督管理学》，科学出版社 2017 年版。

[11]《最高人民法院、最高人民检察院关于办理危害食品安全刑事案件适

用法律若干问题的解释》，http：//www. spp. gov. cn/zdgz/201305/t20130506_58566. shtml。

[12] 国家食品安全风险评估中心、食品安全国家标准评审委员会秘书处：《食品安全国家标准汇编通用标准，GB 2761－2011，GB 2762－2012》，中国人口出版社 2014 年版。

[13]《各国黄曲霉毒素在食品中的限量标准》，https：//wenku. baidu. com/view/d191a4da5022aaea998f0f22. html。

[14] 食品及食用农产品标准法规信息支撑综合应用平台，https：//app02. szmqs. gov. cn/GFS/web。

[15] 孙宝国：《躲不开的食品添加剂》，化学工业出版社 2012 年版。

[16]《无公害农产品管理办法》（中华人民共和国农业部、中华人民共和国国家质量监督检验检疫总局令第 12 号），http：//jiuban. moa. gov. cn/zwllm/tzgg/bl/200209/t20020910_2548. htm。

[17]《绿色食品标志管理办法》（中华人民共和国农业部令 2012 年第 6 号），http：//jiuban. moa. gov. cn/zwllm/tzgg/bl/201208/t20120802_2814698. htm。

[18] 胡国学：《无公害　绿色　有机食品生产规范指南》，中国农业科学技术出版社 2016 年版。

[19] 中国标准化委员会：《GB/T 19630. 1－2011 有机产品第 1 部分：生产》，中国质检出版社 2014 年版。

[20]《国家质量监督检验检疫总局关于修改部分规章的决定》（国家质量监督检验检疫总局令第 166 号），http：//www. cnca. gov. cn/bsdt/ywzl/flyzcyj/bmgz/201210/t20121024_36669. shtm。

[21]《农产品地理标志管理办法》（中华人民共和国农业部令第 11 号），http：//jiuban. moa. gov. cn/zwllm/tzgg/bl/200801/t20080109_951594. htm。

[22] 罗云波：《生物技术食品安全的风险评估与管理》，科学出版社 2017 年版。

[23] 穆平：《作物育种学》，中国农业大学出版社 2017 年版。

[24] 农业部农业转基因生物安全管理办公室：《转基因食品安全面面观》，中国农业出版社出版 2014 年版。

[25] 任筑山、陈君石：《中国的食品安全过去、现在和将来》，中国科

学技术出版社 2016 年版。

[26] 旭日干、庞国芳：《中国食品安全现状、问题及对策战略研究》，科学出版社 2015 年版。

[27] 王志刚、黄棋、陈岳：《美国“毒菠菜”事件始末及其对中国食品安全的启示》，载《世界农业》2008 年第 4 期，第 24 ~ 28 页。

[28]《荷兰毒鸡蛋内含过量杀虫剂》，http：//news. ifeng. com/a/20170810/51606080_0. shtml。

[29] 庞楠楠、白玉、刘虎威：《“苏丹红”风波引起的思考》，载《大学化学》2009 年第 1 期，第 24 ~ 27 页。

[30] 黄昆仑、许文涛：《食品安全案例解析》，科学出版社 2013 年版。

[31] 人民出版社编辑部：《中共中央国务院关于“三农”工作的一号文件汇编（1982—2014)》，人民出版社 2014 年版。

[32]《中共中央国务院关于加大改革创新力度加快农业现代化建设的若干意见（全文)》(2015 年中央一号文件)，http：//www. moa. gov. cn/ztzl/yhwj2015/。

[33]《中共中央国务院关于落实发展新理念加快农业现代化 实现全面小康目标的若干意见（全文)》(2016 年中央一号文件)，http：//www. moa. gov. cn/ztzl/2016zyyhwj/。

[34]《中共中央国务院关于深入推进农业供给侧结构性改革加快培育农业农村发展新动能的若干意见》，人民出版社 2017 年版。

[35]《“健康中国 2030”规划纲要》，http：//www. xinhuanet. com/health/2016 - 10/25/c_1119786029. htm。

[36]《权威发布：十九大报告全文》，http：//www. xinhuanet. com/politics/19cpcnc/2017 - 10/18/c_1121822489. htm。

[37] 陈莉莉、高曦、张晗、陈波、厉曙光：《我国三省（市）食品安全监管资源现状及分析》，载《中国卫生资源》2016 年第 1 期，第 74 ~ 75 页转 81 页。

[38] 李晓玲、陈德伟、杨雪娟、冯翔：《广东省食品安全社会共治现状研究》，载《华南预防医学》2017 年 4 月第 2 期，第 193 ~ 195 页。

[39] https：//www. fda. gov/，2018 年 3 月。

[40] 李颜伟：《〈屠场〉与厄普顿·辛克莱的历史选择》，载《天津大学学报（社会科学版）》2011 年第 5 期，第 471 ~475 页。

[41]《比利时二噁英事件编辑：二噁英事件震惊欧洲的饲料产业》，载《中国乳业》2011 年第 1 期，第 61 页。

[42]《国家食药监：娃哈哈等瓶桶装水抽检不合格》，http：//www. ce. cn/cysc/sp/info/201412/08/t20141208_4072798. shtml。

[43]《临沂：品牌乡巴佬鸡蛋吃出丝袜厂家：属正常现象》，http：//society. people. com. cn/n/2014/1112/c1008 -26010039 -2. html。

[44]《“淋巴肉”事件回应：城区肉制品可放心食用》，http：//hunan. ifeng. com/a/20160811/4857944_0. shtml。

[45]《济南警方破获首起“毒鱼”案孕妇食后可致畸形胎》，http：//society. people. com. cn/n/2015/0713/c136657 -27297523. html。

[46]《为求卖相好看　陕西一包子铺蒸出“铝包子”出售》，http：//www. xinhuanet. com/gongyi/2016 -05/04/c_128956038. htm。

[47]《“毒竹笋”长期流入广佛两地市场占广州一半市场份额》，http：//gd. people. com. cn/n/2015/0604/c123932 -25120615. html。

[48]《“乡巴佬”变质熟食回锅再售：鸡爪被色素泡的通红》，http：//society. people. com. cn/n/2014/0818/c1008 -25488955. html。

[49]“掷出窗外”网站，http：//www. zccw. info/。

[50] 吴鹏：《关于中小城市食品摊点监管工作的研究探讨：从延安市小作坊小摊点监管情况调研谈起》，载《科技信息》2013 年第 10 期，第 89 ~90 页。

[51] 滕函希：《食品小作坊许可制度现状及问题的思考》，载《粮油加工》2015 年第 1 期，第 27 ~29 页。

[52] 姚泓良：《南宁市食品生产加工小作坊食品安全监管调研报告》，广西大学 2014 年。

[53]《我国食品安全状况持续稳中向好，2017 年食品总体抽检合格率为 97. 6%》，http：//www. gov. cn/xinwen/2018 -01/23/content_5259742. htm。

[54]《农业部发布 2015 年全年农产品质量安全例行监测信息》，http：//www. gov. cn/xinwen/2016 -01/20/content_5034694. htm。

[55]《农业部：2017 年农产品总体抽检合格率为 97.8%》，http：//finance.people.com.cn/n1/2018/0119/c1004 -29775732.html。

[56] 赵学刚：《食品安全监管研究 - 国际比较与国内路径选择》，人民出版社 2014 年版。

[57] 王俊秀：《中国居民食品安全满意度调查》，载《江苏社会科学》2012 年第 5 期，第 66 ~71 页。

[58] 肖枝洪、赵忠校：《影响重庆市居民食品安全满意度因素分析》，载《重庆理工大学学报（社会科学）》2015 年第 4 期，第 49 ~53 页。

[59] 刘彦华：《最受关注十大焦点问题》，载《小康》2016 年第 23 期，第 64 ~71 页。

[60]《"破窗效应"简介》，http：//wiki.mbalib.com/wiki/%E7%A0%B4%E7%AA%97%E6%95%88%E5%BA%94。

[61]《柠檬市场理论简介》，http：//wiki.mbalib.com/wiki/%E6%9F%A0%E6%AA%AC%E5%B8%82%E5%9C%BA。

[62]《囚徒困境（Prisoner's Dilemma）理论简介》，http：//wiki.mbalib.com/wiki/%E5%9B%9A%E5%BE%92%E5%9B%B0%E5%A2%83。

[63]《中华人民共和国刑法》（2011 修订），http：//www.npc.gov.cn/npc/lfzt/rlys/2008 -08/21/content_1882895.htm。

[64]《中华人民共和国食品卫生法》，中国法制出版社 2001 年版。

[65]《中华人民共和国食品安全法》（2009 年），http：//www.xinhuanet.com/science/2016 -06/01/c_135401051.htm。

[66] Philip Kotler. *A Framework for Marketing Management*. New Jersey USA：Prentice Hall，2001。

[67] 侯有鸿、董华强等：《佛山市消费者食品安全现状认知调查分析》，载《食品工业》2018 年第 4 期，第 287 ~291 页。

[68] 甄俊杰、董华强等：《增强消费者食品安全感途径探究》，载《安徽农业科学》2017 年第 1 期，第 239 ~242 页。